启动青少年理财计划

理财计划

帮你过上富有的生活

波比·瑞贝尔 (Bobbi Rebell) / 著

常雯馨　刘琪霖 / 译

LAUNCHING FINANCIAL GROWNUPS

LIVE YOUR RICHEST LIFE BY HELPING YOUR (ALMOST) ADULT KIDS BECOME EVERYDAY MONEY SMART

U0363511

WILEY

中国金融出版社

责任编辑：王雪珂
责任校对：李俊英
责任印制：王效端

图书在版编目（CIP）数据

启动青少年理财计划 / (美) 波比·瑞贝尔 (Bobbi Rebell) 著; 常雯馨, 刘琪霖译. -- 北京 : 中国金融出版社, 2024. 12. -- ISBN 978-7-5220-2504-9

Ⅰ. TS976. 15-49

中国国家版本馆CIP数据核字第2024SN1773号

启动青少年理财计划
QIDONG QINGSHAONIAN LICAI JIHUA
出版
发行　中国金融出版社

社址　北京市丰台区益泽路2号
市场开发部　（010）66024766，63805472，63439533（传真）
网 上 书 店　www.cfph.cn
　　　　　　　（010）66024766，63372837（传真）
读者服务部　（010）66070833，62568380
邮编　100071
经销　新华书店
印刷　保利达印务有限公司
尺寸　169毫米×239毫米
印张　13.25
字数　190千
版次　2024年12月第1版
印次　2024年12月第1次印刷
定价　56.00元
ISBN 978 - 7 - 5220 - 2504 - 9
如出现印装错误本社负责调换　联系电话（010）63263947

谨以此书献给我的父亲亚瑟·瑞贝尔

并纪念我的母亲阿黛尔·瑞贝尔

　　我永远也不会忘记我在2016年的路透社与波比·瑞贝尔进行了人生中第一次电视采访。那时我们刚成为朋友，几周前才第一次见到对方，当时她在主持我参加的纽约市第92届基督教青年会。之后，我们便熟络了起来，我还记得见到了她的丈夫尼尔专门过来支持她。我们都因有着"致力于让人们不再对金钱望而生畏"的共同兴趣而变得关系越发紧密。

　　波比当时是路透社的全球商业新闻主播，她问我是否愿意就我的最新项目接受她的采访。2015年后，我更新了我在《纽约时报》上排名第一的畅销书——《自动成为百万富翁》，波比希望在采访中增加这本教给数百万人的书中的理财知识。在我们的谈话中，我强调了先为自己的账单支付、自动存钱以及买房的重要性，这是一种简单却能改变生活的力量。当我说出自己的理财理念时，我们再一次发现与对方的观点非常一致，在美国建立财富的主要途径有两条——投资股票和房地产——而当你越早开始投资，生活就变得越容易。波比在23岁时买了人生中的第一套房子，她从十几岁就开始投资了。她的父亲在华尔街工作，而且她的祖父对她影响很大，在她很小的时候祖父就鼓励她学习投资。她知道自己不属于墨守成规的类型。同时，她还意识到她的投资知识是从家庭中学到的，而非学校。

　　于是波比问我，"为什么老师们不在学校里教这些东西？"我告诉她这是个好问题。《自动成为百万富翁》已售出超过150万册了，但事实上，人们并不应该需要这本书。因为我在这本书中分享的一切，人们应该在初三之前就在学校里学完了。之后，采访不可避免地转向了我和波比都关心的一个问题：作为成年人，我们所犯的最大错误就是没有给孩子教授具体的、成年人所需的、日常的和长期的理财技能。我们的孩子长大后，往往一开始就犯了财务错误，这可能会拖累他们几十年，甚至一辈子。我认为，如果学校设有关于金融的必修课，并且每个学生必须成绩及格才能毕业的话，那么每个人的生活都会变得更轻松。

采访结束后，波比让我为她在多家媒体上发布的个人理财专栏再做一次采访，我们便继续围绕这个话题进行下去。"大卫"，她说，"你的下一本书应该是一本关于孩子和金钱的书。你应该写一本父母可以用来教他们快成年的孩子踏入现实社会后如何理财的书，因为学校并没有做到这一点。"我笑了，我刚在一年内更新了三本书。而且我还在努力完成我的第13本书《拿铁因素》。

我说："我永远也不会再写一本金融方面的书了。而你——我的朋友，应该写这本书！"

"也许我会的"，她说。

然后，对我们所有人来说，幸运的是，波比做到了。

如果你已经成为父母或祖父母，或者你的生活中有一个你非常关心并希望帮助他们更聪明地处理金钱的年轻人，那么你现在手中的这本《启动青少年理财计划》极其重要。我非常感谢波比写了这本书，因为我的家人将用这本书来指导他们的孩子！

我喜欢这本书，因为《启动青少年理财计划》不仅是关于代际财富的教育，也是关系和沟通的教育。市面上确实不乏致力于启蒙小孩子基本的金钱知识的优秀书籍，但波比的书是面向父母、祖父母或其他老一辈的人，向他们讲述16~26岁的年轻人的事情。我们可能总是把孩子当作自己的宝贝，但事实上，我们需要学习如何让孩子们成为为自己的财务负责的大人，而我们的工作就是让他们做好准备。

这本书提供的课程可以很好地让孩子们完成从青少年到成人里程碑似的转变。我们应该为我们的孩子做好准备，让他们更好地迎接即将到来的机会和挑战。坦率地说，这本书为我和我的家庭敲响了警钟。我有两个儿子，分别是12岁和18岁。我的大儿子很快就要上大学了,这本书恰好提醒了我,如果想让他为即将在大学和现实社会中遇到的财务问题做好准备,我还有很多工作要做。我很感谢这本优秀的书为我提供的指导。波比与育儿专家、理财专家、心理学家以及治疗师的故事和采访,使这本书的内容更加有趣、更贴近现实生活,并且操作简单。我相信它可以帮助你教育并保护你的家庭,并赋予下一代独立生活的能力。

说实话,要启动一个青少年理财计划并不容易,不过这是值得的。这本书将为你、你的孩子及亲人指明方向。我相信,如果学校为孩子们提供强制性的金融课程,那么很多理财问题就迎刃而解了。不过,我也开始渐渐接受,在我们的有生之年,美国教育部不会把财务课程纳入教育体系中,也不会使其作为核心课程。

这便是本书的意义所在。我们是孩子在财务方面能否取得成功的最终利益相关者,没有人可以例外。即使其中一些孩子的父母是富翁,如果没有正确的教育和原则,金钱很快就会挥霍殆尽。我们当中的许多人在孩子处于童年时期就悉心培养,赞扬他们的每一个成就,并试图使他们生活得更容易,因为我们对他们的爱胜过一切。但我们往往无法放手,有目的地培养他们作为独立的成年人所需要的理财技能。放手是很难的,但这是父母必经的一段路。别担心——现在还不算太晚!不过现在是时候改变了。

波比为我们大家提供了一个培养青少年理财技能的优秀指南。我欢迎你加入这趟旅程,并且向你的努力致敬。你接下来要做的事情非常重要。

祝你过上富有的生活。

——大卫·巴赫,10次登上《纽约时报》畅销书作者,作品包括《自动成为百万富翁》《聪明的女人有钱》《起步晚,照样致富》和《拿铁因素》。

2021年5月25日，星期二。

这是我一生中最快乐的日子之一。

这天不是我结婚的日子。

也不是我的孩子出生的日子。

更不是我庆祝家庭某个重要的里程碑或赢得事业成就的日子。

讽刺的是，这并不是因为我在那天签了这本书的合同，虽然这件事也发生了。

在一个灰蒙蒙的春日，我和丈夫以及24岁的继女阿什利坐在曼哈顿市中心一间没有窗户的会议室里，签署着一大堆非常正式的文件，这代表阿什利将拥有一套自己的房子。此前，她大学毕业后为了省钱在家里生活了两年，包括新冠疫情时期，这段时间我们一直都在家。

回首以往，有多少次我曾以为这一天永远不会到来。这一刻的到来伴随着许多的磨难和激烈的讨论。是的，24岁的阿什利在纽约买了一套公寓。为了满足曼哈顿市场的条款，我和我丈夫必须共同签署。但我们的钱不会用来支付公寓租金，也不会用来支付结案费。我们也不会为房屋所有权的持续成本支付任何费用。为了买下这套房子，阿什利独自完成了这个项目。

她现在要承担每月的维护费用、抵押贷款，当然还有无线网络账单。如果房屋要估价，费用也是她的。为此她周末都在加班。同样，她也需要为新家采购所有的东西，并处理一系列新的账单，包括房主保险和纽约市房地产税。她完全清楚自己在经济上独立的新生活中的每一笔开销。她有预算计划和足够的应急基金。

那天早些时候，我们对"L"形的小型公寓进行了参观，那里将成为阿什利的新家。她从13岁起就开始为这个梦想存钱。当我的丈夫尼尔、阿什利和房地产经纪人正在四处检查插座和电器是否正常时，我站在原地看着这幅场景——幸福和恐惧的泪水开始流淌。

我在23岁的时候就有了自己的房子。与阿什利一样，我大学毕业后住在了家里。作为一名记者，相对而言，我的工资没有作为咨询师的她工资高，所以我让父母临时帮了我。我们开玩笑似地称它为"离家出走战略"。正是早期对拥有一栋房子的渴望，它迫使我树立财务意识，促使我在未来找到了感兴趣的事业，那就是我希望找到并分享给年轻人创造自己财务生活的最佳方式。

生活不只有一条路。拥有住房只是与父母或一直照顾你的家庭分开，是创造成年财务生活的途径之一。我们将在这里讨论许多其他可行的方法来培养财务独立的成年人。但我相信我们大多数人都有一个共同的目标：给我们的孩子一个礼物，即让他们知道他们拥有在经济上独立于我们的一切。

你将在本书中接触一位专家，育儿教练艾莉森·特里斯特，她提到了为什么关注财务问题在帮助我们的孩子走向成熟的成人生活中是如此重要。"我的一个客户对我说，'我不想剥夺我女儿赚钱买第一辆破车的机会。我不是在剥夺我女儿的所有权。'"特里斯特接着解释说，这位母亲很有钱，可以很容易地买一辆豪车，比如他们家附近随处可见的保时捷和宝马。但她没有选择那样做，她有自己的原因。从神经学角度来说，温宁汉姆在《圣艾尔摩之火》（哥伦比亚电影公司，1985）中谈到的那种追求感、成就感和满足感是有原因的。

是的……你想知道什么样才是人间美味吗？昨晚我半夜醒来，给自己做了一份花生酱果冻三明治……你知道，那是我的厨房，我的冰箱，我的公寓……那是我这辈子吃过的最好吃的花生酱果冻三明治。

谁能想到，在我写这本书的2021年，这种创造属于自己的生活、宣布成年人独立的呼吁会陷入僵局，甚至引发争议。新冠疫情放大了本就一直在增长的这一趋势。无数已经成年的孩子回家与父母一起隔离，包括我自己21岁和24岁的孩子。

起初，我几年前开始的一项任务——帮助父母培养财务独立的成年人——似乎遇到了一个新的复杂问题。毕竟，现在的年轻人更容易回到童年时的角色——而我们除了欢迎他们继续留在家里或回家之外，还能做些什么呢？这是一场全球性的疫情。我们希望他们安全地待在家里：我们的家。

无数千禧一代和Z世代都在他们儿时的卧室里接听工作电话，用Zoom上课。这样的福利还远远不够吗？他们希望妈妈给他们做烤奶酪三明治当午餐，还帮他们洗衣服吗？这对他们将来建立自己经济独立的生活来说又要走多少弯路？

每个人的工作似乎都处于风险之中，或者已经失业了。家族企业陷入危机。没有人知道未来会怎样，也不知道孩子们什么时候会再次搬出去。

时光流逝。许多家庭，包括我自己的家庭，都适应了这种生活。我们暂时搬出了这座城市，搬到了纽约州北部的一所房子里，按照当地的说法，我们预计在那里住上15天，以防止疫情蔓延。很快我们就明白了，隔离时间其实要比我们被通知的时间久得多，我们得长期坚持下去。

在家里的第一晚，我们五个人坐在餐厅里一起享用了一顿晚饭。我12岁的儿子说，我们以前从来没有这样过。

他是对的。我们总在赶不同的行程计划，却从来没有想过要为家人做些什么。说到这儿，我感觉自己不是一个好家长。

之后，我们几乎每天都会进行家庭聚餐。像许多不再有孩子和父母往返于学校、活动和工作的家庭一样，我们开始真正享受每天的用餐仪式。我们喜欢让孩子们待在身边，即使他们已经20多岁了。我的丈夫、继女和我都在工作。我继子几乎是在他的卧室里读完大学二年级的。我12岁的儿子通过Zoom读完了六年级。我们一直都待在家里，少了很多忙不完的事和闲逛。我们开始更多地交谈。

其中一些谈话是和年龄大一些的孩子谈论我们父母自己的财务状况，因为有时事情发生时他们也在家里。在他们小的时候，我们避免和他们分享太多，因为我们不想让他们担心——也不想让他们知道我们在哪里搞砸了。他们从未对此表现出多大的兴趣。他们的大学学费已经付过了，而且据他们所知，我们从来没有遇到过挫折。他们不知道这些年我们经历了多少起起伏伏。很明显，我们为他们提供了太多的庇护，无法让他们对成年人的财务形成一个现实的看法。

年龄大一点的孩子们显然更愿意倾听，他们听到了大量关于失业的消息。他们很担心，也问了很多问题。他们开始认真倾听我们的回答。我开始意识到：他们的财务前景与我们的财务前景密切相关。

由于被隔离了，他们无处可去。于是我们有了一群忠实的听众。

我们也开始意识到这种财务对话其实是双向的，我们都是利益相关者。我们的谈话不仅仅是教他们摆脱我们而财务独立，这样我们就可以拥有财务自由。我们还需要孩子们知道更多，这样他们就可以成为我们的后盾，以防意外发生。比如，如果我们需要他们来照顾我们呢？经历了疫情，我们有了新的紧迫感，要确保我们的孩子为下一场不可预知的冲击做好准备。

作为父母，我们并非孤身奋战。我开始听到身边周围的一些孩子们辍学回家帮助父母挽救生意的故事。许多人挺身而出，帮忙支付账单。在危机中，家庭财务往往会变得更加公开透明。我对那些在父母最需要他们的时候迎接挑战帮助他们的年轻人印象深刻。

这是我们生命中这一独特篇章中的一线希望。家人们在一起的时间创造了独有的温馨时光，我们没有需要分心去做的事情，有更多机会可以更好地了解彼此。每个家庭都有一个共同的使命：保护家庭金融生态系统。与你的伴侣在财务上对孩子们公开透明是一回事，与你的孩子们一起保护家庭财务是另一回事，无论他们多大。

疫情期间，有关财务对话的大门已经更频繁地为每个家庭敞开。当你一直和其他人在一起时，这种对话几乎是不可能的。但当我们被隔离时，人们开始裸露心声，与家人关系也更亲密。我们开始看到以前因为太忙而忽略的一些事情。

对我的家庭来说，因为我们一直都住在同一个屋檐下，所以孩子们能看到我和我丈夫工作得有多紧张。一方面，他们看到我们的预期现金流有时会影响我们的决策。他们亲眼见证了我们有时做出的关于如何最高效地花钱的艰难决定。他们也看到我们在前进的道路上仍然会犯一些错误，这并不总是一帆风顺的。他们看到，当我们不得不把积蓄花在紧急和意外的事情上（如维修或医疗账单）而不能买东西时，我们是多么沮丧。他们看到我们在消费上做出艰难的选择，以及我们多久能和朋友出去吃顿大餐。他们知道，尽管我们取得了很多成就，但我们的财力是有限的。

另一方面，我们也能更清楚地看到为什么孩子们会做出过去令我们困惑的决定。我们观察得越多，就能越好地理解他们。以前我们与孩子们关于金钱的对话主要是他们要钱买自己想要的东西，现在这种对话基本上已经消失了。现在的对话是一种新的感激之情，感激我们挣钱给他们所做的一切。

当世界再次开放，家长和孩子们不再被束缚在同一屋檐下的时候，这种交流和财务透明度方面的进步还会持续吗？希望如此。

对于家庭来说，我看到了一个机会，可以重新改变我们已经养成的一些坏习惯的机会，这些坏习惯破坏了我们的真正目标：培养下一代成为财务独立的成年人，让我们所有人都有最好的机会获得我们应得的财务安全和自由。

2019年10月，凯莉·里帕在综艺节目吉米秀上开玩笑地说她的儿子迈克尔正在努力成为一个经济独立的成年人，"他讨厌自己付房租，而且经常处于贫穷当中。我认为他从来没有像现在这样贫穷过"。

这一言论被一些人断章取义，引发了一些争议。但里帕依旧坚持自己的育儿策略，之后在Instagram上写道："迈克尔现在是一名大四学生，并且拥有全职工作。他和室友住在他的第一个没有父母补贴的公寓里。我和@instasuelos（她的丈夫马克·康索洛斯）都不是在优渥的环境中长大的。"

事实上，在帮助孩子们掌握财务技能这方面，里帕和她的丈夫可能比大多数美国人做得更好。美林证券和Age Wave的数据显示，79%的父母正在为他们即将成年的子女提供经济支持。随着所谓的"直升机父母"（指过于关注孩子的父母，仿佛直升机一样在孩子的头顶，关注其一举一动）年龄的增长，他们似乎逐渐开始加倍地保护孩子。这对他们子女获得经济独立的能力产生了巨大的阻碍。许多上了年纪的X一代父母正走在这一危险的道路上，可能会给他们自己的黄金岁月带来灾难性的后果。成为母亲之后，我才第一次意识到这个现象。之后，作为一名商业记者和国际金融理财师，我发现自己可以为解决这一问题贡献一份自己的力量。

一切始于2019年的新年前夕。

我的两个年龄偏大的孩子都是大学生，现在放假回家了。我们一直在商量把他们的工作收入存入罗斯个人退休账户，这样他们就可以在不交税的情况下实现钱生钱。他们都同意了。

然而，在距离开户的最后期限只有几个小时时，他们还没有完成开户。

最终，他们没能成功。我明明已经给了他们联系经纪公司的电话号码、电子邮件，以及经纪人的联系方式，他们可以向经纪人询问任何问题。我也跟他们说过，如果他们有不懂的地方，也可以随时找我。如果不想麻烦经纪公司，他们也可以自己研究和寻找投资平台。而且，我提醒过他们快到截止日期了。他们也说过他们会抓紧做的。

可最终，事情还是搞砸了。

我当了几十年的财经记者，甚至还写了一本关于如何让青少年掌握理财知识的书。在这本书出版后，我又进一步提升了自己的专业能力，成了一名国际金融理财师。然而现在，我却面临一个残酷的现实：作为一名资深的金融理财师，我却无法让自己的孩子完成开户这么简单的事情。

早些年当我在路透社担任商业新闻记者时，我开始关注青少年们的财务状况。在这行干了15年之后，我成了守旧派。年轻的同事向我寻求理财建议时，我会觉得他们的问题很奇怪，因为几乎所有的知识都可以在网上搜到。（美国国税局的网站：IRS .gov。说实话，这个网站很棒。有空看看吧。）

但这些建议听起来晦涩难懂，对他们来说就像是一件苦差事。他们希望从功成名就的人嘴中直接听到诀窍。他们想听成功人士在现实生活中是如何做出财务决策的。在这些财务决策中，他们想知道哪些对他们实现更大的成人目标最重要。根据我为年轻同事提供指导的经验，我萌生了写第一本书的想法——《启动青少年理财计划》。

在我多年的新闻职业生涯中，有一项技能帮助我在职场上走得更远，那就是我能够在人群中辨别知名人士，并且让他们欣然接受我的采访。我总能确保他们在接受采访中收获很棒的采访体验，这样他们就会与我再次合作。我曾在CNN财经网CNNfn短暂地工作过，我手下的员工每天为各种节目安排多达50位嘉宾。我喜欢在节目开始前和结束后与他们聊天。嘉宾们都很有魅力，我们有很多可以聊的，这比典型的三分钟电视节目所能提供的时间要多得多。他们有很多宝贵的人生经验可以分享，而简短的电视片段却无法实现这一点。

之后，我的脑海中出现了一个绝佳的想法：如果我能提供给这些成功人士一个机会，让他们分享自己如何得到并管理财富的故事，而不仅仅是转述他们公司在调查中收集的数据，事情会怎么样？现在，这些故事将激励并启发读者们成为理财小能手。我从住在我附近的汤森路透总编辑史蒂夫·阿德勒开始，他很喜欢这个想法，但担心我能否让那些商业名人真正分享他们的个人经历。也就是说，他是第一个认可我想法的人，我永远感激他。

最终，我成功了。《启动青少年理财计划》汇集了托尼·罗宾斯、凯文·奥利里、莎莉·克劳切克、辛西娅·洛蕾和吉姆·克莱默等商界大咖。我甚至获得了即兴采访演员兼企业家德鲁·巴里摩尔的宝贵机会。我以播客的形式推广了这个概念，通过这个平台，我已经制作了大约350集的节目，并将继续与年轻人以及渴望学习理财的各个年龄段的人进行对话。

但随着我自己的孩子长大成人，我也逐渐意识到，父母扮演的角色远远比我们想象的要重要得多。在理想的情况下，那些非常想要理财建议的年轻的路透社同事们应该早早就在家里开始学习理财知识。

有时候，作为父母的我们，在阻止他们摆脱对我们的依赖时，反而成为了他们成长路上真正的障碍。"直升机父母"这个词在美国文化中出现是有原因的。这个词形容得很准确。如果我们在经济上溺爱孩子，孩子会有安全感和被保护感。如果我们自己的童年过得很艰难，就会想让自己的孩子们免受同样的痛苦。生活的压力已经够大了。我们希望他们有一个理想的、幸福的、无忧无虑的童年。可之后呢？他们该如何独立生活？如果我们继续以牺牲自己为代价来养活下一代，那么我们的退休生活又该如何保障呢？

这件事的紧迫性开始变得越来越不容忽视。

事情是这样的：如果年轻人在没有掌握理财技能的情况下就开始独立生活，作为父母，我们在退休后踏入黄金年龄时，将无法拥有我们应得的和我们所需的财务自由。孩子们不独立，我们未来的生活将承担很大风险。不过，我们为孩子们买东西都是出于好心。毕竟他们正在努力工作，他们值得这些，对吧？另外，我们不想让他们担心我们的经济状况，如果我们拒绝承担他们的费用，孩子可能会认为我们负担不起并出现了经济问题，然后他们会陷入恐慌。

我们的自我也在起作用。我们一直被教导，我们的首要任务是让孩子们有安全感。但在现实中，我们的首要任务应该是教他们所需的技能，使他们能够独立于我们而生存和发展（包括财务技能）。新冠疫情放大了这一任务的紧迫性。2020年春天，美国政府开始实施居家令，几代人住在同一个屋檐下的情况变得更加普遍。大学生需要在家里在线学习。许多20多岁的年轻人都离开了他们的室友，与他们的父母（有时是祖父母）住在一起。突然之间，我们对年轻人典型生活阶段习以为常的一切都被颠覆了。

随之而来的是无数个关于金钱的经济问题。如果一个20多岁的孩子回家，他们会在经济上为家庭作出贡献吗？那会是什么样子呢？许多家长表示，他们会突然感到不知所措。毕竟这种情况没有先例。谁来为费用埋单？为什么东西埋单？如果父母向孩子收取劳动费或者视频会员账户的费用，这似乎有点不合理。

如果孩子们仍然有工作，但父母是由于疫情而失去工作的数百万美国人之一呢？那么孩子会赡养父母吗？要赡养多久？这反过来又会如何影响下一代的年轻成年人掌握理财技能？如果失业人员中有祖父母呢？从经济角度来看，他们在家庭中的地位会改变吗？每个人该如何沟通来达到自己期待的目标？

新冠疫情让我们代际间的财务状况达到了一个新的紧急层面。那些为抚养成年子女而花费过多的父母可能没有足够的应急资金以备不时之需——如疫情。他们可能成为这些孩子的经济负担，可能造成几代人的恶性循环。正如我们在疫情中看到的那样，经济格局的变化可能比我们想象的更快。

我们可能没有想象中那么多的时间。

最新数据显示，近一半的空巢父母仍然在经济上为他们的成年子女提供帮助。这种帮助不仅仅是一笔让他们的子女购买第一套房子的现金。根据成人社区服务网站55places的数据，资金支持通常包括生活用品、房租、手机账单、汽车付款和外出就餐。根据美林证券和Age Wave的一份报告，在18~34岁的年轻人中，58%的人表示，如果没有父母的支持，他们将无法维持自己现有的生活方式。那些期望孩子永远感激他们的父母，可能会在孩子长大后得到一个意外的"惊喜"。根据金融心理学家和金融理财师布拉德·克朗茨的说法，对成年子女进行资金补贴可能会适得其反：

这不仅仅是对金钱的依赖，而是一种心理综合征。这通常会导致人们缺乏动力，缺乏激情。他们实际上更有可能会产生自我厌恶和抑郁，认为自己不够好，没有目标感。讽刺的是，他们最终会怨恨收入的来源。

克朗茨补充说，父母给孩子资金往往是出于自己的心理原因。他们想要感觉自己很重要，并希望与孩子保持联系。因此，他们用金钱和孩子对自己的依赖来实现这一目标。而最终目标就是父母想要被需要。

近年来，我在自己家里也看到了这种情况，我和我丈夫共同抚养了两个孩子，现在他们20岁出头。我们为了帮助孩子在截止日期前回复陪审团义务通知（也就是打电话给信上的号码）中断了假期，我们推迟了自己的工作去给孩子配药并把药寄到学校，而不是强迫孩子照顾好自己。我们支付电话费，给他们用我们的信用卡消费，是的，我们在经济上为他们支付学费，这样他们就不会背负债务。

尽管作为一名金融理财师和一名拥有多年经验的商业记者，我已经掌握了书本上所有的知识，但我依然发现，把孩子培养成拥有理财技能的成年人比我想象的要困难得多。我和我丈夫会经常为此进行讨论并制订计划，但并不总是意见一致。实际上执行一个计划常常被证明是不可能的。罗恩·利伯在《反溺爱》（哈珀·柯林斯出版社，2015年出版）一书中普及了这一观点，教小孩子把钱放在三个分别标有"存储""消费""给予"的罐子里，比教一个成年孩子如何管理自己的生活要简单得多。有些事对我们来说可能是优先考虑的，但这并不意味着孩子们也这么觉得。成年子女和父母之间的关系非常重要，各个方面都涉及大量的心理和关系的细微差别。

事实是：当我的继女让我帮她办理她第一份工作的养老金计划时，她正要出门去见朋友。还好我唠叨得够多，她终于屈服并自己把账户设置好了。她觉得自己累得不行了，因为正如我告诉她的那样，她至少已经投入了足够的资金。她只是想让我签个字然后说"干得好"。

她已经在生我的气了，因为她的薪水会少很多。但这笔钱并没有真正用在投资上。她满脸不在乎地走出了家门。我真的陷入了养育孩子的两难境地。我应该：

● 说："好的，再见！"然后让她尝尝一辈子不投资的后果？

● 说："退休金是投资"，并向她解释她需要拿出一部分钱去投资，即使她翻着白眼依然走出了家门？

● 说："再见！"然后瞒着她把钱投进低成本指数基金，之后再向她解释——即使这种情况永远不会发生？

最后，我还是把她叫了回来。不过说实话，她还是不懂同一家公司的固定收益基金和交易型开放式指数基金之间的区别，填表时差点选错了，并且在我纠正后也没有听我解释。我"拯救"了她的养老金计划，却无法让她掌握任何关于投资的理财知识。我发誓一定要找个时间给她补补课。不过，这个例子说明教育孩子是一件很复杂的事，即使父母拥丰富的知识和强烈的责任心，也不是那么容易就能成功的。

我的播客商业合作伙伴、《与朋友一起赚钱》的前联合主持人乔·索尔·塞西告诉过我，他的父母在他18岁时就切断了他的经济来源。尽管那几年过得很艰难，他最终还是找到了属于自己的人生道路。事实上，在前几代人中这种情况可能更为普遍。乔的孩子们现在已经20多岁了，但乔依然会给他们提供经济支持。多亏了乔对孩子们的严格管理和悉心教导，两个孩子的经济能力远远超出了其他同龄人，也能为自己的财务负责。其中一人甚至拥有自己管理的出租物业。

坦率地说，我们很多X世代的人在很大程度上也是婴儿潮一代的父母，容易产生溺爱。我们中的许多人已经从"直升机父母"升级为"扫雪机父母"，即帮孩子们把障碍移走、扫清道路，让他们活得更轻松。现在越来越多的父母喜欢安排孩子的人生，仿佛时时刻刻，站在孩子旁边要警惕地解决问题，而父母通常是通过"砸钱"来解决。

实际上，大多数父母不会在孩子毕业后就立即切断资金来源。因此，妥协一下可能是更好的办法。表面上看，让孩子在有能力独自生活之前住在家里听起来很合理。然而，根据最近的数据，这种策略可能会适得其反，反而减少了孩子工作的动力。因为如果孩子们一直住在家里，由父母照顾他们，他们就能在这个舒适圈一直待下去。

这听起来似乎违反直觉，但研究结论表明让孩子独立生活更好，即使这意味着要在经济上补贴年轻人独立生活的成本。其理论是，孩子们会逐渐习惯经济独立的生活。即便没有100%的财务支出，作为一个对自己的财务负责的成年人，他们也开始理解生活中与金钱相关的所有不同变量。父母可以制订一个循序渐进的计划来减少提供给孩子的资金。

以我自己为例，大学毕业后我在家里住了大约6个月，在亲身经历了作为成年人每天朝九晚五地上班几个月后，我的父母帮我搬到了一个短租的房子里，然后我在20岁出头的时候买下了第一套公寓。我很幸运有父母作为后盾，但现实是，我几乎所有的税后收入都花在了住房和其他固定开支上。无数个夜晚，当我和朋友一起把一盒仅99美分的通心粉和奶酪当作晚饭时，都让我意识到成年人生活的不易。我拼命工作为了早日升职，后来我找了一份薪水更高的工作。就算这样，花钱时依然要精打细算。但如果我住在家里，冰箱里总放着食物，父母每周还帮我洗一次衣服，我不确定我还能不能这么努力。

当然，这在经济上对父母来说并不总是可行的。父母之间可能会意见不同，而且每个年轻人在性格、准备充分度和成熟度方面都是不同的。虽然有很多不同，但相同的关键是必须逐步停止财务支持。这部分我们会在书的后面讲到。

我的工作是聚焦于那些激励我们在不同人生阶段找到出路的金钱故事。但人们关注的焦点一直都在成功的主人公身上。我至今还未能探索老一辈，如父母和祖父母在我们成长的过程中所扮演的角色。

推出《启动青少年理财计划》一书是对那些希望给孩子最好的，但又开始意识到让孩子独立管理自己的财务，并与孩子财务分离也必须值得重视的父母的行动呼吁。这本书将为你提供实用指南，告诉你如何在瞬息变化、竞争日益激烈的经济环境中，把孩子培养成能承担经济责任的、独立的年轻人，这样他们就能创造出自己的美好人生。

目　录

第一部分
先决条件

第1章　指南

我们想把孩子培养为独立的人，却不希望他们犯错误。

——KJ·戴尔·安东尼亚，《如何当一个更快乐的家长》作者朋友们，欢迎来到这篇指南！如果你正在读这篇文章，我们就是站在同一战线的队友。我们都爱孩子爱得深沉，但又担心无法培养出他们的经济独立能力。

在某些情况下，这种恐惧会转化为动力。很多父母，包括我自己，都会感到不知所措。这正是促使我写这篇文章的原因。因为我想要弄清楚：为什么现在有这么多年轻人在经济上依靠父母，但为什么孩子们却似乎不像父母那样忧愁。

我保证，如果你愿意花点时间来阅读这篇文章，你就走在了正确的道路上。对读者来说，下定决心开始读这本书就是本书最困难的挑战。如果你感到困惑，为什么培养孩子们经济独立对我们来说比我们想象的要困难得多，那就一起读这本书吧。

好消息是我已经找到了这些问题的答案，并将与大家分享。有些问题是我们自己造成的。我们自认为给孩子设置护栏就是在保护他们。当别人管我们叫"直升机父母"时，我们会感到十分难为情。但事实上，我们中的许多人已经不止于此，甚至进入了更为严重的"礼宾式育儿"。顺便说一下，这个词是由澳大利亚圣凯瑟琳学校的校长茉莉亚·汤森提出的。就我们的目的而言，我们可以把它看作一种过度干涉和过度参与的育儿方式，而不是"直升机式育儿"。"礼宾式育儿"的家长要随时准备解决问题，这往往涉及砸钱，这点稍后再详细介绍。

当孩子们快进入25岁时，我们作为父母却继续如此积极地参与他们的生活，很多原因都与巨大的文化变化有关，像奥巴马医疗改革政策这样的法案——允许孩子在26岁之前享受父母的医疗保险。孩子们的电话账单通常从中学就开始了，包括我自己在内的许多父母都不认为在孩子成长为成年人的第一阶段就应该关掉他们的电话账单。账单是自动转账的，我们一直在为孩子们的话费付钱。

X世代的父母通常也与我们的孩子有更多的共同点。我们中的许多人与成年子女相处得比前几代人要好。多亏了科技，我们与他们有了更多的互动，当他们需要我们的时候，我们更容易联系到他们，也可以更多地参与到他们的生活中。现代文化价值观以许多美妙的方式拉近了我们的距离，因此今天的父母能够有意识地更积极地参与孩子的生活。

我们喜欢自己的孩子。同样重要的是，我们的孩子也喜欢我们。他们享受和我们待在一起，并不因为高中毕业或大学毕业象征着迈入成年，他们就急于和我们断绝关系。在某些方面，我们正步入一个多代同堂的时代，即几代家庭成员同住一个屋檐下，生活模式会更加不稳定。这也有很多好处，不过却也让下一代孩子从童年过渡到成年的转变变得复杂。

我采访了世界上许多顶级的育儿专家、财务治疗师和理财专家，我迫不及待地向大家分享他们智慧的见解与洞察，尤其是在塑造亲子财务关系方面。当我们走过这段旅程时，他们分享的建议将对我们所有人都是非常宝贵的，能帮助我们更好地应对不断变化的形势。然而，我们也必须承担起完成这项工作的责任，并不得不做出一些艰难的决定。重要的是，我们必须接受这样一个事实：只有父母自己作为拥有理财能力的成年人已经远远不够了。作为父母或祖父母，我们必须把下一代孩子也培养为拥有理财能力的成年人。但是关于如何做到这一点的思考已经发生了巨大的转变，原因有很多，我们很快就会讲到。

越来越明显的是，不断变化的文化期望已经影响了我们的育儿方式，包括我们的孩子将如何与父母在经济上分离，以及为什么这件事如此复杂。新冠疫情为这一趋势增添了新的难题，但同时也开辟了关于理财的新沟通渠道，事实证明这非常有效。在前几代人当中，孩子们被要求在十六七岁的时候就要像成年人一样行事。但现在父母对孩子的期望和现实让很多人感到困惑。为了写这本书，我采访了几个家庭，他们在20多岁甚至30多岁时，仍在经济上非常依赖父母。长辈们为此感到忧虑并筋疲力尽。他们担心万一自己出了事，那孩子们该怎么办。他们想知道孩子们能否在家庭出现危机的时候挺身而出。他们非常操心孩子们的生活，但同时也担心自己未来的财务问题。

新冠疫情回潮

新冠疫情进一步加剧了大多数家庭的经济问题。在这样的情况下，已经成年独立的孩子们搬回了父母家生活，产生了新的"经济危机"。

在某些情况下，孩子们被迫结束他们漫长的青春期，因为他们需要在医疗或经济上帮助父母和祖父母——在某些情况下两者兼而有之。年青一代对此的准备程度各不相同，他们常常希望父母为他们的生活做更充分的准备，以应对意外的冲击。他们被迫长大，在经济上对别人负责，而不是自己——而这时有些人甚至还没有能力完全对自己负责。

一些家庭的经历恰恰相反。年轻人搬回家后，住回到儿时的卧室，一家人会重复过去的生活习惯，包括经济上的依赖。孩子们有饭吃，有洗干净的衣服穿，看起来生活很美好。而且，成年后再体会童年的幸福会更享受！但当适应期结束之后，在多代同堂环境中生活的家庭角色开始发生演变。

许多父母告诉我，让子女搬回家是新冠疫情后的一线希望。因为父母迫切地想了解孩子们成年后的生活，孩子们也很高兴能暂时重温过去的家庭生活。这是第一次，他们不再为了让孩子坐下来吃晚饭而夺走他们的手机，孩子们也没有赶着去参加不同的活动。家庭成员们珍惜彼此在一起的时光。

我听到的那些故事里，最吸引人的部分是：突如其来地搬回家让父母们帮助孩子们在理财方面准备得更充分。住在同一个屋檐下为亲子之间就财务方面提供了相互沟通、探讨的机会。在以前，父母与孩子并不会讨论这方面的问题，其中一个原因是每个人——父母和孩子——都排满了日程，整日忙于工作。现在，孩子们能在房间里认真倾听，听父母开诚布公地讨论在财务方面遇到的挑战，这有助于他们更好地理解父母的经历。同样，父母也能更好地了解孩子在现实生活中理财的情况。

请记住，并不是所有的年轻人都是因为财务问题而搬回家的，尽管这通常是一个很大的因素。这并不代表年轻人的失败。他们有的是为了自己和父母的健康和安全才搬回家的。许多家庭都能利用他们生命中的这个特殊阶段，为家庭建立更坚实的经济基础。因为每个人都会经常待在家，所以总成本通常会下降。它以一种在"疫情前时代"无法实现的方式打开了亲子沟通的渠道。这是一种独特的、计划之外的体验，通常会带来特殊的挑战，但也会带来意想不到的关系和经济利益。

利益相关者

作为成年人，你将成为孩子们成功后的最终利益相关者，仅次于孩子们自己。在序言中，我分享了启发我写这本书的故事：我试图让我的孩子在截止日期前开设罗斯个人退休账户，结果却遭到了冷漠的对待。我们通常认为孩子们对拥有更多的钱十分感兴趣。但在许多情况下，如果他们不存在手头紧的问题，就没有什么动力采取理财行动。他们所有的账单都被家长付清了。事实上，这些账单通常孩子们自己都没见过。他们认为收到钱是理所当然的，钱就"躺"在那里等着他们。

为了写这本书，我做了几十次采访。尽管我是一名国际金融理财师，但我一直在一个问题上苦苦挣扎：我的孩子有时对钱产生不了兴趣。任何想要的东西，他们不费吹灰之力就能得到。直到最近，我丈夫和我才告诉孩子们家里真实的财务情况。因为我们想保护他们，也想保护我们的隐私，更想让他们感到安全。我们从来不想让他们知道我们在经济上其实是没有安全感的。坦率地说，有时我们看似是为孩子们买东西，但其实是因为我们比他们更想要这些东西。

我的播客采访过一位成功的理财经理。他承认，当孩子们达到法定年龄后，他就给他们买了车，尽管孩子们没有支付一分一毫。坦率地说，他根本不相信孩子们会好好珍惜他们的车。他妻子只是不想再开车带着孩子们到处跑了。他认为孩子们应该赚钱来支付至少一部分的费用，比如支付汽油和保险等费用。然而，他并没有办法真正让孩子们执行这一点，因为孩子们知道无论怎样父亲都会给他们买车。

并不只有他一个人遇到了这个难题。我们中的许多人都利用自己的经济资源来帮助孩子做一些我们认为对他们有益的事情，或者做大人们自认为必须做的"正确事情"。

直到现在，我还是没法完全感恩父母以前逼着我上钢琴课。他们坚持，而我却反对，我到现在仍然认为这只是在浪费钱。我妈妈却觉得钢琴课在当时是值得的，无论花多少钱。

尽管如此，我发现自己也在同样重复父母的行为。如果我让儿子用自己挣的钱去上打鼓课，那么他应该会更加珍惜上课的时光。但你猜实际会发生什么？他会说不，谢谢，然后把鼓扔掉。在他这个年纪，这根本不是他看重的东西。

并不如你所想：许多事情已经变了

让我们从我们的孩子和我们的生活发生了什么变化这个切入点开始讨论。我之前提到过，奥巴马的医疗改革政策规定子女到26岁后，就无法再同父母一起享受医疗优惠。在这一改革之前，年轻人一旦失去父母提供的保障或大学的医疗保险，就会面临巨大的压力，包括要尽快找到一份含有医疗保险的工作。对许多人来说，这件事往往在大学毕业后会发生。

年轻人不需要——更不用说支付——健康保险，他们可以更自由地追求非传统的职业道路，因为他们不需要把钱付给提供健康保险的公司。这让他们有时间去探究自己的兴趣，甚至可能会成为企业家或独立承包商。这个时机是对的，因为零工经济催生了非常多的就业机会。事物的进化有很多奇妙的地方。

作为父母，我们教导孩子们去追求自己的热爱，有时却不考虑他们的天赋或实际能力。我们凭什么说他们不会成功？也许我们不知道他们怎样才能在感兴趣的领域取得成功，但他们真的会成功。我们鼓励他们坚持下去，即使没有获胜也要参与，无论是否有明确的经济回报，都要做他们喜欢的事情。但是，当他们的热情无法为他们相信自己有权拥有的生活方式埋单时，会发生什么呢？

当我决定要成为一名记者时，我记得很清楚，我那作为华尔街投资银行家的父亲却对此产生质疑。他知道有钱能让生活变得更轻松，他希望我过得更好。电视新闻行业不仅竞争残酷，且薪水不高，除非你真的在业内做到顶尖。他还为我在常春藤盟校上学的费用埋单。他告诉我，在我大学四年级前的那个夏天，他会给我一定的经济支持，让我在新闻部门实习——但前提是在商业新闻部门。他觉得报道关于华尔街的新闻会让我对在华尔街工作产生兴趣。

我爸爸可能觉得我当上电视主播上镜的可能性很小。他不想成为那个破坏我的梦想的"坏人"。之后，我得到了在CNN商业新闻无薪实习的机会，经常通宵工作，从玛丽亚·巴尔蒂罗莫、斯图尔特·瓦尼和卢·道布斯这样的人那里了解业务。所以，这就是我最终成为一名财经记者的原因：一位忧心忡忡的父亲试图在他对孩子的希望、期望和抱负与支持孩子的热爱之间取得平衡。简单地说，他希望我大学毕业后转行做一份收入丰厚的与金融相关工作。几十年后，即使现在我已经是持证的国际金融理财师了，我父亲仍会问我打算什么时候去投资银行或资产管理公司工作。

回到更宏观的视角，我们发现，近年来学生债务呈现爆炸式增长。即使是准备得最充分、处境最有利的那些应届毕业生，也面临经济独立带来的巨大障碍。当他们收到第一份账单时，学生们会幡然醒悟：通过搬回父母家来削减住房开支实际上是最明智的决定。别忘了，父母也要通过贷款来支付孩子们的教育费用。

暴涨的房价使许多年轻人买不起房子。工资上涨的幅度也比不过房价增长的幅度。人们对租房的态度也发生了变化。作为一名记者，我知道数据可以通过很多不同的方式呈现，但有证据表明，与买房相比，租房并不总是一个糟糕的财务决定，尤其是如果你的孩子想要灵活应对不断变化的经济形势和税法。至少，把所有的资源和精力都用来买房的想法已经受到了质疑。

利兹·韦斯顿，国际金融理财师，她出版了6本关于金钱的书，同时她也是Nerdwallet公司的金融专栏作家。她还是一个18岁女儿的母亲。韦斯顿担心年轻人会负担不起所住的房子，因为她还记得2008年房地产泡沫破裂和随之而来的一片狼藉：

> 以前的建议是，因为通货膨胀会提高你的工资，所以还房贷的负担会越来越轻。然而现在，工资已经很久没有上涨了，至少对大多数美国人来说是这样的。

Xbox 不收现金

纸币已经不再是我们日常消费的主要支付方式。当然，我们仍然使用现金。但实际上，对我们许多人来说，信用卡和借记卡、Zelle、Venmo、Apple Pay和其他许多的数字支付方式是我们购物和付款的首选方式。新冠疫情的影响进一步扩大了无现金趋势。

数字货币的兴起让我们的生活变得更加便捷。作为成年人，我们可以更容易地记录我们的支出，因为收据是电子的，所以我们不必收集那些令人讨厌的纸质收据。大多数人不用再坐下来一笔一画地记账。应用软件可以准确地分析金钱的去向，我们无法偷偷背着它花钱。

但这也会给我们和孩子们带来影响。当金钱数字化的时候，人们在消费上会变得更容易大手大脚。在孩子们的成长过程中，他们会看到，当我们带着手机去商店、刷信用卡时，只是把手机举到机器上付款，购买的商品就像是突然出现在家中的盒子里。我们必须有意识地、非常主动地向孩子们展示事物的消费成本，并限制家庭预算和支出。

我知道你在想什么：我们仍然可以拿一个信封，往里面装满现金，然后带着他们去杂货店购物。我认为这是个不错的主意，也许我应该这么做。但我没有这么做，我猜你们大多数人也没有。孩子们会看到，当我们需要现金时，只需走向自动取款机钱就会出来。所以无论告诉他们多少次，他们都没有强烈的节约金钱的意识。他们通常对金钱不感兴趣，只知道一直玩手机。在他们的世界里，钱是通过Venmo或Zelle来支付的。这是怎么发生的？为什么他们没有动力去学习更多关于金钱的知识呢？为什么他们不关心呢？

当我的小儿子年纪还小的时候，我给三个罐子贴上了"给予""储蓄""消费"的标签，这是育儿专家、《纽约时报》专栏作家罗恩·利伯推荐的，他著有《反溺爱》一书，我也会在后面的内容里提及。当小儿子的储蓄罐里装满了钱时，我们就把钱存到银行里。我们不得不把所有的钱都卷成捆，花了好几个小时。他说，他发现这个过程很"舒缓"，能很好地让精神放松下来。我们讨论了一个有趣的现象：你需要非常多的便士才能有和25分硬币一样的购买力，而把所有这些便士都卷起来要多费点儿工夫。

我确保他把钱亲自交给了银行柜员，我确保他给我看了这笔钱的总额。我还拍了照片。经过他的允许，我在社交媒体上分享了这篇文章。我们讨论：如果他愿意，他想用这笔钱买什么。但我仍然不确定他真的意识到了金钱的重要性，因为这不能激发他对金钱的渴望。他不需要用现金来买任何他想要的东西，购物都是在网上进行的，Xbox不收便士。

我们的孩子最初学到的关于金钱的课程是宝贵无价的，这有利于帮助他们实现目标。在他们十几岁或者二十多岁时，我们必须跟随世界的变化而变化，尽力适应并找到新的方法来教育他们与金钱相关的知识。对我来说，这意味着给我现在十几岁的儿子一张借记卡，我可以鼓励他挣零花钱，监督他花钱的方式和地点，并教他如何在一个应用程序上存钱和投资。

育儿专家KJ·戴尔·安东尼亚是《如何当一个快乐的家长》一书的作者，也是《纽约时报》育儿专栏"Motherload"的前编辑，她和她的孩子都使用和我一样的借记卡和应用程序Greenlight。"这非常有效，因为孩子们确实会记录他们的开支。"这款应用程序让父母批准孩子如何花钱以及在哪里花钱，在交易发生时会发送消息通知，相当于创造了一个用于消费、储蓄、捐赠甚至投资的数字系统——与利伯的建议相呼应。孩子们喜欢玩手机，另一个好处就在于应用程序恰恰就在孩子们爱玩的手机上。戴尔·安东尼亚说，它还与未来的成年人关系更密切，因为它促进了消费发生的地方：互联网。"他们可以用它在网上买东西。有一段时间，要弄清楚如何让他们承担责任对我来说真的很难，因为你不能给他们一张信用卡。"

鼓励很重要

育儿专家艾莉森·特里斯特的继女已经同意为她的新手机支付一半的费用。起初，他们并没有设置交付的截止时间，因此就算她不付钱也不会有什么后果，所以她只是一直拖延着，并嘴上承诺说她会做到。然后特里斯特有了一个主意，给她写了一张纸条，上面写着：我犯了一个错误，因为从1月1日开始，我将向你收取支付新手机的利息，我们很愿意为你解释利息是如何运作的。"接下来发生了什么？""哦，我的上帝，"特里斯特说，"不到半小时我就收到钱了。她给我们寄来了一张她欠我们的全部款项的支票，因为她最近开始在当地一家餐馆工作，所以攒了一些钱。"

虽然是一张小小的纸条，却可以强制执行他们已经达成的协议，并带来经济上的后果，这让特里斯特的女儿明白了偿还贷款的重要性，并避免了拖欠贷款的后果：利息。这一教训也保护了她的女儿，使她不必在未来支付更高的利息，包括信用报告上的不良记录，以及从汽车到新房的所有贷款都必须支付更高的利率。

如果特里斯特说："哦，她在那家餐厅工作得那么努力，却挣得那么少，就别逼她还钱了。我们没必要为了钱而伤害彼此，她是一个很好的孩子。"而这就是问题的关键：如果你像我一样，你会对那些你本应该停止做或本可以做得更好但却没有做的事情感到后悔。

避免这个话题和可能会发生的冲突很容易，尤其是对那些喜怒无常的青少年来说。有时我们对孩子太苛刻了，但通常我们会选择对自己更容易的路，为孩子铺平道路，而不是产生冲突。购物时不带孩子也更容易，即使这能让他们理解为什么你总是抱怨汽油、生活用品和其他东西的费用越来越高。他们很轻易就能在网上买衣服。但当他们看到你按下"买入"键时，他们真的明白你的财务状况吗？等这种生活轮到他们的时候，他们准备好了吗？

当我们看到我们的孩子没有理解时，我们都应该像特里斯特一样，做正确的事。如果孩子没有理解，这通常是因为我们没有灌输正确的理念来帮助他们理解。当特里斯特意识到这一点时，她就变得坚定而理性，成功地帮助了她的孩子。

蓝图

社会一直在变化，残酷的是，这些变化会影响孩子们的赚钱能力，并影响他们花钱支付我们为他们设定的期望生活的能力。当我们告诉他们，他们可以做任何他们想做的事情时，我们的意图是好的，但如果他们决定将自己的热爱作为职业，我们可能会忽视其潜在的风险。例如，如果追随他们的热情需要在零工经济中工作，他们将不会有一份全职的传统企业工作，无法享受医疗保险和退休计划等福利，这可能永远无法让他们过上独立的生活。

如果告诉孩子我们的担忧，他们很有可能会说他们花钱少一些也没关系。老实说，我们的许多孩子不像我们一样对物质这么感兴趣。他们可以不穿名牌服装，甚至可以接受不经常更换手机。这就是孩子们的生活方式的真相。

而当他们必须在财务上独立时，问题就接踵而至。

我还记得几年前和我的姐姐开玩笑（好吧，其实我也哭了），当时我和丈夫不得不花6000美元更换院子里的化粪池。这个房子在2008年次贷危机时我们就想拼命卖掉。我姐姐在她的房子上也有类似的一些不可避免的高额支出。我们很可怜，因为我们永远不会花那么多钱买类似名牌手提包之类的东西。我们甚至可能瞧不起并指责那些做了这些事的人（但其实不应该这样想——每个人都可以用他们的钱做他们想做的事）。现在，我们面临一个成年人才会面临的理财问题，那就是我们别无选择，只能把应急储蓄拿出来。这很痛苦，而且这并不是我最后一次"被迫"为一些我从未想过作为一个成年人会不得不面对的事情埋单。我会抱怨地说把我们的应急储蓄花在这上面"不公平"。

我们的孩子可能不会想要价格高得离谱的手提包或豪华的跑车，但当他们长大后，他们可能需要钱来修理漏水的化粪池或处理其他非自愿的开支。他们需要可靠的收入和应急储蓄。作为成年人，他们需要对预算有足够的了解，这样才能量入为出，不会负债累累。他们需要知道如何支付税款、账单和其他费用。他们需要知道如何看懂工资单，以及如何享受公司福利。他们需要为退休存钱，也需要为退休前的生活存钱。他们需要知道如何得到一份工作或一个客户，如何能够购买或租赁像汽车和房子这样的大件物品，当然还有如何购买保险和其他金融产品。他们需要教育、金融知识和足够的信心来做出艰难的财务选择，并可能需要你陪在他们身边。

最重要的是，他们需要准备好——你不在他们身边的那一天。

我们需要说服自己这其实是一件好事。虽然听起来很难接受，但育儿成功的终极标志就是让你的孩子不再需要你。不过，这并不意味着他们对你的爱减少了，也不意味着他们不想和你在一起了——但他们必须接受没有你的生活。

是的，和你们很多人一样，一想到这一点我就崩溃了。你很难放弃为人父母的这一部分。但是你和孩子之间的新关系将值得你这样做。我们会一起渡过难关的。让我们继续吧。

回顾

1. 父母需要警惕从"直升机式育儿"转变为"礼宾式育儿"。
2. 特殊的社会变化已经改变了亲子之间的财务关系。
3. 即使子女已经成年了，父母也需要保持他们的权威。

4. 数字货币使我们教育孩子理财的方法变得复杂。

5. 即使是最不追求物质的孩子，也需要教导其在财务上独立。

6. 最终，父母的主要工作是确保当我们不能在孩子们身边的那一天时，他们已经为独立生活做好了足够的准备。

第2章 家庭生态系统

亲子关系就是一种财务关系。

——罗伊·费弗

　　当我结束了自己的第一次婚姻后，30岁的我正和父母住在一起。我卖掉了公寓，打包了离婚时得到的那点东西，之后搬进了父母家里额外的那间卧室。我儿时在新泽西住的房子已经被卖掉了，所以我没有住在儿时的卧室里，但不管怎样，这能奇怪地给人一种安慰。离婚使我崩溃，所以我需要和父母住在一起。我很幸运有他们在我身边。

　　我的父母没有向我收取房租，也没有要求我支付我的那部分生活费或电视费。我在财务方面这么不独立了吗？我不确定。我有一份工作，我也支付自己的个人消费账单。我搬进父母的公寓不是因为经济上的需要。事实上，我卖掉了我自己的那套房子，并赚了一大笔钱。但如果我说我对自己的未来——包括我的财务前景——不会感到脆弱和不安全，那我一定是在撒谎。我们没有确切讨论过我要住多久，但我一直认为和他们住在一起只是短暂的、过渡性的。我想我的父母知道我有多受伤，所以不想逼我。在我的设想中，我希望是住几个月，结果却住了一年多。现在回想起来，我很感激在那段时间能获得情感和经济上的支持。

　　我向你们分享这个故事，是因为我要确保没有人会误解我在这本书中所倡导的理念。父母绝对可以在力所能及的范围内慷慨地对待他们的孩子——只要不会让他们对父母造成长期的依赖。这不是把你的孩子赶出家门，也并不是在他们准备好独立之前就随意切断与他们的关系，更不是仅仅因为他们庆祝了某个生日或迈入了标志成人的阶段。当他们需要你的时候，你会在他们身边支持他们，但你要知道需要和想要之间的区别——就像我们在花钱时谈论需要和想要一样。作为父母，我们的目标是让他们做好独立生活的准备，能够满足他们的需求，然后让他们自行体验成年期的起起落落。

　　2020年春天，在新冠疫情期间，无数年轻人搬回家与父母一起避难，许多人遵循了类似搬回家的模式，但这不是因为经济需要，而是因为考虑到当时的情况，这样做是有意义的。这清楚地提醒我们，在财务上独立并不意味着父母和他们已经成年的子女不能在危机中作为一个家庭相互帮助——无论面临的是财务危机还是其他危机，我们必须把家庭当作一个整体的生态系统，它包含了家人们之间终生的联系和支持。成为一个在财务上独立的成年人确实意味着我们的孩子必须能够为自己的生活负责，而随着年青一代的成长，他们的角色和财务责任将不得不适应不同的人生阶段和挑战。

成年人的思维

最务实的思维是，当你的孩子需要你的时候你能够帮忙，并将其与成年人承担的持续经济支持的责任分开，因为用钱来解决问题和挑战更容易。也就是说，在保证自己的财务目标和安全性的前提下，帮助孩子支付房子的首付款可以加速他们的经济独立。应该避免的是为他们支付几十年的房租！如果发生了这种情况，代表着孩子的生活方式超出了他们的能力，两代人都需要认真反省。

为孙辈设立大学基金可以减轻那些正在为抚养孩子而挣扎的年轻人的负担。这是一份很棒的礼物，它将对家庭产生积极且无价的影响。记住，孙辈的教育将帮助他们成长为经济独立的成年人。当然，你也绝对可以让你的孩子去享受一个难忘的家庭假期、一顿美味的晚餐，或是一次泡温泉。

这一切的前提假设都是你有能力这样做——但情况并不总是如此。根据美国调查公司Bankrate于2019年的调查，50%的父母牺牲了他们的退休储蓄来帮助已经成年的子女减轻财务负担。在这种情况下，我们需要抵制"慷慨"的欲望，否则在未来的岁月里，代价就是我们无法自给自足。这一趋势在2020年疫情期间继续下去并不奇怪。网站CreditCards.com发现，在疫情期间为孩子提供经济帮助的父母中，79%的人用的是本应作为自己开销的钱。这一数据令人担忧，因为这让父母将自己的财务状况置于风险之中，反而增加了孩子为父母提供财务帮助的可能性。

让我们面对现实：唯一比让孩子在经济上帮助父母更糟糕的事情可能是他们压根儿就没有能力帮助你，因为他们自己都没有经济保障。事实上，在疫情期间，许多家长面临意想不到的财务动荡，不得不依靠年轻的成年子女的帮助。这就是为什么建立一个家庭生态系统如此重要，在这个生态系统中，我们都渴望在经济上彼此独立，但也知道在生命中需要彼此的时候，我们也会相互帮助。

提高战略的优势

杰森·费弗是《美国企业家》杂志的主编，他主持了多个播客。他与妻子、孩子住在布鲁克林。他说自己儿时并不追求物质。他会埋怨父亲买高档的车，同时也敏锐地意识到自己的家庭有着雄厚的经济基础。

杰森承认，他的父母仍在为他支付电话费，在他的"嘘钱"播客的合作主持人妮可·拉宾指责他之后，我联系了他。杰森，39岁，看起来像是一个完全经济独立的成年人。坦率地说，他是一个非常成功的成年人。但我想更多地了解费弗家族的生态系统，所以我邀请他的父亲罗伊·费费也加入我们的采访。我们的谈话揭示了在杰森职业生涯早期时他父母的经济支持模式。在适当的时候给予支持是一种强有力的策略，前提是这种支持适合你的家庭生态系统。

杰森解释说，在他职业生涯的早期，虽然牙医爸爸会给他提供经济支持，但他都拒绝了。因为杰森野心勃勃，所以当他得到了梦寐以求的工作时，他决定搬到纽约去。"这意味着我所有的开支都增加了。那时我28岁，正是2008年。我在Men's Health 公司赚了5万美元，得到了父母的祝福和鼓励。"杰森也得到了公司的经济支持。他们为他在曼哈顿的一居室公寓提供了补贴，这样他就不必住在离办公室很远的地方，也不必在长时间工作的同时还面临艰难的通勤。他也可以独自生活。他的父母在后勤方面非常亲力亲为，管理杰森在纽约租公寓和财务生活所涉及的一切。有些人可能会说，他们是在溺爱孩子，但他们也在逐步引导他走上一条有意识的、独立的道路。

"我每个月都非常谨慎"，杰森解释道，"我真的不喜欢管他们要房租。他们总是会给，虽然他们不给的话，我确实会有一定的经济压力，但我想在经济上尽可能独立。"以杰森为例，他非常主动地支付自己的房租，虽然这个计划没有正式实施，但在接下来的几年里，随着经济状况的改善，他确实每月支付越来越多的房租。他向我强调，如果不是父母在精神上和经济上的支持，他可能不会搬到纽约从事那份令他梦寐以求的工作。这是一次战略性的财务增长，这份钱花得很值，因为最终的回报是一份更有利可图、更有成就感的职业。

在杰森小时候，他爸爸会很坦率地告诉他家里的财务情况。他们经常在车里谈话。杰森回忆起了高中时一次难忘的谈话，当时他爸爸告诉杰森他的牙科诊所每年能带来多少收入。"我当时被震惊到了"，他说。"因为爸爸开的牙医诊所是一次成功的创业。我马上就意识到了我们家每年大概挣了多少钱，花了多少钱。"

杰森的爸爸罗伊对他的成年孩子们一直很坦诚，即使他们已经有了自己的孩子。"我确实告诉了他我们的财务状况、我们的储蓄、银行里的存款、我们的财务状况和我的投资策略。"罗伊解释了为什么他觉得有必要确保孩子们（杰森还有一个妹妹）意识到金钱和他们的家庭价值观的重要性。他自己的父亲是一名邮政工人，由于健康原因多年没有工作，49岁就去世了。在他父亲去世的时候，罗伊是纽约州立大学奥尔巴尼分校的大二学生。"爸爸是家里的顶梁柱，可他什么都不做。他的座右铭是，孩子们应该被看到，而不是被听到。"罗伊、他的哥哥和妈妈不得不自谋生路。罗伊告诉我，他们要做很多财务决策，因为"我们的经济状况实在拮据"。

如果他发生了什么不测，罗伊不想让他的妻子和孩子陷入这种困境。"所以我把坦诚和开放带到婚姻中，什么话题都可以讨论，包括财务问题。"罗伊还强调，他的妻子在财务决策和与孩子讨论金钱方面都非常平等。在家庭内部传递一致的信息是至关重要的。这对夫妇还在孩子们成长的过程中，通过树立榜样和观察让孩子们了解自己的财务价值观，即使他们的家庭在经济上越来越成功。罗伊一家在南佛罗里达州过着低调生活，并有大量储蓄。父母们没有直接谈论开支计划，因为孩子们在花钱方面已经非常谨慎，在财务上非常保守。他们只会以身作则，而不是说教。

罗伊唯一的软肋是他对豪车的热爱。于是形势发生了逆转，两个孩子都插话，让罗伊节俭一点。罗伊说，有一次，他的女儿乔迪劝他不要给她买一辆雷克萨斯，说那辆车太花哨了，会让她感到尴尬。你看，当涉及家庭生态系统时，事情就变得复杂起来了。父母们应该意识到，这在很大程度上是双向的，尤其是随着孩子们长大，他们会在财务方面拥有自己独特的观点。

这并不是说罗伊夫妇没有意识到有效支持和毫无责任地向孩子砸钱之间的细微差别。"你不想看到孩子坐在沙发上看电视真人秀，一点也不在乎未来的财务状况。这是在纵容。"罗伊向我保证。在他们家中，孩子们努力工作，尽其所能建立自己的财务生活。因此，一旦他们有了自己的未来，我们就有必要帮助他们。

罗伊提出的一些非常明智的观点也给我留下了深刻的印象：亲子关系也是一种财务关系。我从来没有这样想过，在我们的社会中，虽然很少有人会公开这样表达，但情况经常如此。作为父母，我们在把经济资源用在孩子身上时，会感到社会带来的压力。我们也不要忘记，在某个时候，可能需要孩子把他们的经济资源用在我们身上。我们需要一个相互支持的家庭金融生态系统。在多数情况下，经济资源主要从老一辈转移到年轻人身上，但我们都要做好准备，根据需要来调整我们的生活。

这就是为什么，即使杰森是个非物质主义的、经济上保守的家伙，却在他快40岁的时候仍然没有支付自己的账单。

简言之，杰森捍卫让父亲继续支付手机账单的想法，这是他们家庭计划的一部分，而不是因为他需要它。在经历了太多的质疑之后，它基本上变成了一种纽带般的家庭仪式。每个月罗伊都会发一封电子邮件，内容包括谁花的短信费用最多，每个人使用了多少流量。杰森总是流量用得最多的那一个，他把这归咎于他四岁的儿子，因为他的儿子在餐馆里总是看很多视频。他的妈妈在短信费用上花得最少，而他的爸爸在电话费用上花得最少。换句话说，账单不再仅仅是付钱的功能；这已经成为一种可以用来交流的游戏。我认为这钱花得值。

回顾

1. 我们刚成年的孩子已经有了经济能力，在孩子成年后的某些阶段，我们可能仍愿意或需要有选择地为子女提供经济支持。

2. 为了能够给孩子提供支持，我们需要确保优先考虑自己的财务状况，我们要让孩子明白，我们的财务需求优先于他们的需求。朋友们，先戴好自己的"氧气面罩"。

3. 坦诚的对话可以帮助年轻人更好地理解父母所面临的财务决策。

4. 可以建立一个随着时间和需求变化而调整的家庭金融生态系统，这能为家庭带来财务上的安全与稳定。父母应该让孩子们知道，经济上的帮助可能是相互的。

第3章　盲点

当父母试图控制自己青春期或刚成年的孩子时，他们实际上是在传达这样一种信息：他们没有信心孩子能为自己的事情负责。

——玛丽·戴尔·哈林顿，《成长与飞翔》作者事实上，我们所有人都有自己的"财务盲点"，会在生活中的某个时刻做出错误的财务决定。我们往往在犯了很久的错误后才意识到它们。但是，如果我们要让自己的孩子长大成人，父母要接受自己在财务方面其实是拥有缺点和不足的。

我清楚地记得，我在20岁出头的时候申请了房屋净值贷款，在汉普顿买了一套夏季公寓。这让我感觉自己很成熟，因为我买的是一套小型的合租公寓。因此，我不仅认为自己在经济上已经完全独立（尽管我大学毕业后一直住在父母家里，得到了很多无形支持），而且我还很高兴地发现，因为我拥有自己的公寓，所以我现在有资格申请房屋净值贷款了。

我很庆幸自己拥有了负债。

就我现在所知，如果我的孩子们因为度假去合租夏季公寓而产生了负债，我会感到羞愧。而买房是我自己的选择，我自愿让自己陷入缺钱的境地。我最好的朋友也买了属于她的公寓，我们以一顿饭只花99美分的卡夫奶酪通心粉为傲。我知道在家庭开支方面必须做出一些牺牲。比如，我知道我的家庭账单，在汉普顿的房子的额外费用不在我的能力范围内，但这并没有阻止我迫切地想和我的朋友们在一起——他们在这么年轻的年纪没有房屋所有权带来的财务责任。但拥有自己的公寓是我的选择。我本可以住在家里，也可以和一群叽叽喳喳的室友住在一起。于是，我选择了买下那套公寓，并承担了随之而来的经济责任。但我还没有准备好在23岁时不得不拒绝或找到其他方式来支付我想要的东西。我没有征求父母的意见——这是我现在回想起来并不感到自豪的两个决定之一。

随着年龄的增长，我们希望能更好地为自己的财务做出决定。但有时我们不这么做，即使风险越来越大。在很多情况下，包括我自己，即使我们增加了生活经验，但还是会继续犯错误。希望我们的孩子们不会注意到。说实话，如果他们看到我们的失误并从中吸取教训，那可能也没那么糟糕。

不要因为你自己的财务问题而去责怪孩子

金融治疗师阿曼达·克莱曼发现，父母经常拿为孩子提供经济支持当作自己财务波动和未能实现财务目标的借口。

作为父母，他们为自己的孩子支付了所有他们认为应该提供的东西，却唯独损害了自己为未来做的财务准备。在很多情况下，作为父母的我们觉得别无选择，但我们需要对自己的决定负责。记住，我们是成年人了，当我们做出错误的选择时，我们需要承担责任。克莱曼说，父母经常为十几岁和刚成年的孩子花钱的其中一个原因是钱通常可以解决短期问题。这让他们的生活更轻松，让父母感到被需要和成就感。为什么不为孩子们支付停车罚单，尤其是这件事是任何人都可能无意犯的一个的错误呢？为什么不为他们多支付一段时间的保险呢？当然还有永无休止的电话账单，就像我们在罗伊一家看到的那样。停止付款将会切断父母们想要保留的与孩子们的联系。

克莱曼解释道，父母对她说："我遇到了麻烦，但这并不是因为我自己能力不足、缺乏准备或发生了什么坏事。这是因为我在做一件无私的事情，在经济上帮助我的孩子。"如果帮助孩子的选择损害了父母自己的财务前景，那就说明他们在财务上做出了错误的决定。如果这给他们和孩子在以后的生活中造成经济困难或其他后果，那么这就不是无私的付出。父母很难说不。他们也很难抗拒这种帮孩子生活得更轻松的冲动——尤其是当这涉及一份简单的经济礼物时。许多父母甚至在没有被要求的情况下就会主动提供帮助。

"HerMoney"播客的主持人、HerMoney.com的首席执行官简·查茨基是4个年轻人的母亲和继母，她记得她24岁的女儿在疫情期间报名参加了昂贵的Zoom健身课程。虽然课程很贵，但她的女儿自豪地告诉查茨基，她谈成了一笔大买卖。查茨基还记得当时的想法："这太棒了。我真想帮孩子把钱交了，但我不得不忍住，因为她没有要求我付钱。"查茨基在很多层面上都是出于好意，但如果她为这些课程埋单，她就会面临一个根本不存在的问题。

请记住，她的女儿并没有要求她的母亲支付这些课程的费用。恰恰相反：她做得很好，知道自己必须为这些课程付费。她自豪地向妈妈讲述自己在财务上成熟的表现。

但这并不意味着查茨基没有想过给孩子一些溺爱。"我的孩子本可以把这笔钱存起来，或者用于她下一套公寓或其他地方的首付。但她作为成年人，要学会管理自己的预算，做出这类事情的决定和选择。所以我只能旁观。"

让孩子用他们自己赚来的钱买想要的东西，这其中所带来的成就感就像是礼物一样美好，我们需要放手让他们享受。对查茨基来说，承担负债的能力不是问题。虽然情况并不总是如此，但这并不妨碍许多父母突然介入，帮助他们的孩子，即使孩子没有主动求助。克莱曼指出："如果父母认为'我为孩子牺牲，这是父母应该做的，这是我作为一个好人、好父母的原因之一，我对自己感觉很好'，这可能是一个人的身份和力量的真正来源。"目前，我们相信我们有能力解决孩子们的问题，让他们的生活更舒适，因为我们手头有现金。我们既不想让孩子觉得我们不在他们身边，也不想让他们认为我们有财务问题或其他担忧。但对于任何金钱有限的人来说，从长远来看，这些选择也会侵蚀我们的投资和退休资金。

英国调查公司OnePoll最近对孩子搬出去住的1000名父母进行了一项调查，发现75%的父母在孩子离家后仍会继续为他们提供经济支持。就其本身而言，提供一些帮助并没有什么错，尤其是在过渡时期或预期的危机时期帮助孙辈方面的经济支持。在特定的某一天，父母只需要切断和孩子的经济往来。然而，这里存在一个危险信号：在那些给成年子女经济支持的人中，36%的人承认这影响了他们自己的经济状况。对于10%的人来说，这意味着推迟退休，或不得不找第二份工作。44%的人认为，在为孩子提供经济支持方面，他们别无选择。更令人担忧的是，66%的人动用了自己的储蓄，15%的人用信用卡透支来帮助他们的成年子女。

育儿专家和人生导师艾莉森·特里斯特指出，我们不仅在经济上损害了自己的利益，也剥夺了孩子独立的权利。"你在阻止他们成长。他们需要自己飞行。你的所作所为实际上是在剪断他们的翅膀，因为你很自私，你只想给予。所以他们没有机会学习如何自己'走路'。"

当我们的女儿阿什利为她的新公寓支付的第一笔抵押贷款到期时，我有点担心这可能会动摇她在经济上与我们分开的决心。如果她向我们求助，我们该怎么办？我们不能让她错过还款。可结果是她支付了账单。当她告诉我们她有多兴奋能自己付钱时，她真的很快乐。她很高兴自己提前做了预算并限制了自己的支出，所以毫无疑问，她在现在和将来都能按时支付账单。当我们为她的经济独立而感到高兴时，这种满足感是无价的。

看似是学生贷款，其实是家长负债

考虑到所有关于学生债务危机的讨论，你们大多数人都会惊讶地发现，这在很大程度上其实是一场父母债务危机。根据美国智库机构城市研究所提供的数据，在截至2018年的十年间，本科生家长贷款债务增长了42%。根据NerdWallet引用的联邦数据，到2021年，票本债务总额超过1030亿美元，借款人多达60万人。很多学生毕业时背负着沉重的债务，很难开启他们的新生活。但我们不要忽视这样一个事实：背负沉重债务的中年父母也面临迫在眉睫的危机。如果他们要偿还与孩子教育相关的债务，他们将如何退休？

我的一个好朋友尼娜（化名）向我透露，在她40多岁的时候，她发现她的父亲已经为她偿还了20年的学生贷款。她自己也贷了一些债务，在几年前就还清了。她根本不知道她的父亲为她和她的兄弟姐妹承担了债务。他从未对此说过一句话，也从未抱怨过，只是默默地付钱。她猜测这是因为父亲觉得这是他的责任。他不想让她担心，也不想让她有太多的债务，阻碍她开始自己的成年生活。但事实是，如果他对她更坦诚一些，一旦尼娜有了钱，她就会亲自还债。

审视自己

大多数父母倾向于避免教授孩子有关金钱的知识，因为他们认为孩子们年龄太小了，还不够格。他们希望学校来负责这件事，而且天真地认为孩子长大以后自然就会明白的。但家长可能犯的最大错误之一就是怕麻烦而错过教育孩子的机会。你才是孩子生活的最终利益相关者，并非学校里的员工。当然，问题在于如何着手。一个重要的步骤就是审视自己早年的财务错误和遗憾，并将其告诉你的孩子。我们都倾向于认为我们是唯一在人生早期搞砸的人（老实说，在中年时期也是如此！），但这是荒谬的。

利兹·韦斯顿已经踏上了从事理财方面的职业道路，但她向十几岁的女儿坦白了自己在26岁时为了退休养老买了一处房产。这造成了财务危机——那里是阿拉斯加一个没有道路的地区。她当时在和一个警察约会，住在安克雷奇。她希望嫁给他，在那里度过一生。她男朋友有一间小木屋，离市区80英里远，远离任何道路。"我想，当我退休后，待在一个远离喧嚣的郊外感觉会很美好。所以我在那里买了14英亩的地，到现在还留着，因为我真的卖不出去。"

做工作

我联系了玛丽·戴尔·哈林顿，她是Facebook"成长与飞翔"社区的领导者之一，该社区有20多万对孩子已经成年的父母。虽然她承认，和所有其他的父母一样，有些事情她可能会做得不太好，但她已经成功地培养了两个年轻人，现在一个25岁，另一个30岁。哈林顿很清楚，这种成功不是偶然发生的。我们必须努力。

她的经历对我们这些一直希望孩子们能独立解决问题的父母来说是一个很好的提醒。孩子们可能真的有这个能力，但我们敢赌上自己和孩子未来的财务去冒险吗？第一步，父母要意识到必须给孩子学习的空间，而非说教。哈林顿说："我认为，很多家长分不清自己的行为是在帮助孩子还是在干涉孩子。当父母试图控制他们十几岁或刚成年的孩子时，他们实际上是在传达这样一种信息：家长没有信心孩子能管好自己的事。这真的是一件可怕的事情。"

比如，如果你给了他们钱，那就不要试图掌控一切。试着放手，让他们自己做选择，即使有些选择你可能不会喜欢。他们有些错误可能只是你的偏见——但对他们的生活来说，这并不是错误。因此，这可能根本就不是错误。我的朋友詹妮弗·巴雷特是《像养家糊口的人一样思考》（企鹅出版社，2021年出版）的作者，她曾非常震惊地看到自己的孩子在网络游戏中购买虚拟商品，然后又转头把游戏商品卖给其他玩家，并从中获利。她很沮丧，因为她认为用现实世界的钱买虚拟世界的东西这件事很糟糕。但她也必须转变思维，意识到无论虚拟与否，她的孩子擅长了解市场行情，并能够进行有利可图的交易。

对于许多X世代的父母来说，在金钱方面控制并保护孩子的冲动，往往是对自由的放任式教育的一种反抗，包括哈林顿在内的许多人都经历过："我的成长环境非常传统，爸爸工作，妈妈待在家里，他们从来没有在钱的问题上对我进行过讨论和指导。这也影响了我抚养孩子的态度。"她还提醒我们，在技术和信息飞速发展的推动下，我们这一代人已经改变了一些非常具体的生活习惯。这更容易促进几代人之间的交流——不再需要上大学后每周都在大厅的公共电话上打电话，或者是写并接收一连串来回的信件。我们可以实时聊天和发短信，甚至在最小的事情上也可以互相提供支持。我们也可以立即给他们汇款。

我们也不要忘记，互联网和大量的个人信息也使得我们的财务状况几乎无法隐藏。我们很容易就能找到房价和房租信息。许多人的工资、捐款和其他财务数据都在网上公布。不需要太多的努力，我们的孩子就可以对我们的财务状况有一个非常清晰的了解。

哈林顿给那些想要与孩子开启对话的父母们的建议是，把关注点放在金钱的价值上。例如，为对你来说重要的东西存钱，比如体验和经历，而不是像礼物这样的实物。她还警告我们，不能指望我们的孩子只是在日常生活中学会这些东西。我们必须在谈话中更加慎重地向他们传授。他们可以获得信息，但我们必须提供相关说明。

哈林顿建议，当孩子们刚开始挣到钱时，通常是暑期的时候，要抓住机会和他们谈谈钱的问题。"我认为，如果孩子有过暑期打工经历，或者为自己的大学教育支付了大部分学费，父母就必须在更早的时候就让他们学习金融知识，这对他们有益。人们通常会想，如果孩子们住在家里，那么他们的孩子现在应该为家庭开支贡献多少。"

新冠疫情使这种情况变得更加复杂化，但这也揭示了随着孩子进入青年期，父母和孩子必须找到其中的微妙平衡。父母可以让孩子免费住在家里，但应该让他们认识到这种关系与他们小时候完全不同。在疫情期间搬回家的年轻人往往享受与父母住在一起的额外福利：免费的住房、食物和洗衣服务，不用照顾孙辈们等。但随着时间的推移，这种新的生活环境也为和年轻人坦诚地讨论未来的财务状况创造了机会。

它还为几代人之间更坦诚地讨论父母（可能还有祖父母）的财务历史、现状和未来的计划打开了大门。与我交谈过的许多父母都能更自在地与他们在疫情期间搬回家的年轻成年子女交谈，仅仅因为距离近，他们以前无法用这种方式交谈。他们能够与孩子们分享他们对未来财务状况的担忧。年轻人可能会在无意中听到父母和长辈之间关于金钱的讨论，更清楚地了解父母正在经历的财务挑战和成功投资。

正视我们的盲点

我还访问了Faccbook的"成长与飞翔"社区，从年轻人的父母那里获得了一些关于他们自己在年轻时对金钱的遗憾、教训和成功投资的见解，并了解他们是如何将这些经验应用于养育年轻人的。以下是他们的一些回答。

我的投资错误……在二手车便宜得多的时候买新车！存钱买二手车是我现在坚持让我的孩子们做的事情。我会尽我最大的努力不再有另一辆车的贷款（生活就是这样）。

——温迪·马斯特

我太信任我的前任了，因为我是一个依靠对方收入来生活的家庭主妇，一旦他离开，我仍然会依赖他（即使在他离开后，这也给了我的前任控制权）。我的女儿们都看到了我的错误，并确保从第一天起她们就坚持独立。4个人里，其中3个人攒了钱，在她们19岁的时候就买到了房子，而且生活得很好。我的另一个女儿最近刚大学毕业，她自己和男朋友住在一套公寓里，他们也希望明年能买下一套房子。

——卡林·坎摩尔·鲍德温

我迫于家庭压力购买了第一套房子。不过银行认为我能负担得起与我实际能负担得起是不一样的。家里很穷，只能勉强支付房贷和每月的账单，之后就没有什么闲钱了。我没有钱布置房子和购买基本的生活必需品。

——凯伦·贝莱萨

直到存够一年的生活费，我们才买了第一套房子。几个月后，我丈夫失业了，我们又生了一个孩子（那时我在临时休假，之后就辞职了），我们的抵押贷款有相当一部分是通过我丈夫工作的一个特殊计划补贴的，所以我们的还款大幅增加。这很艰难，但幸运的是，由于我们存了一大笔钱，我们在经济上渡过了难关。

——匿名

1. 负债创业失败。当企业破产但你仍然必须支付款项时。这是一个惨痛的教训。

2. 信用卡债务、学生贷款和汽车贷款。

3. 总要诚实地面对我们过去的错误，以及鼓励孩子们走上不同的道路。然而，我知道他们也会犯错误。

4. 我们对自己的债务是公开透明的，并试图支付我们想要的东西，向他们证明这是可能的。我们的投资才刚刚开始变得透明。

——朗达·梅尔顿·福克纳

当孩子们问家里有多少钱的时候，我们回答得非常坦诚——我认为让他们知道东西花了多少钱、我们在生活的不同阶段赚了多少钱、是什么带来了金钱压力以及如何避免金钱压力是有好处的。通过详细的财务跟踪和预算，我不希望像前几代人那样，让钱在家庭中成为一个禁忌话题。

——塔米·斯派特·李

对我来说，我年轻时对金钱极其不负责任。我的父母从来没有教过我基本的理财知识，所以我很散漫，没有想过未来的计划。我总是这样告诉我的孩子们。我跟他们讲了我为恢复信用所做的事，以及当我们结婚并想买房子时，他们的父亲（我丈夫）承受了多大的负担。这很尴尬，也没必要。

我们教孩子存钱，没完没了地谈论每笔支出是"想要"还是"需要"，并以身作则。这些年来，我们说过很多次"不"，但我们知道从长远来看，这对我们的孩子是有帮助的。顺便说一句，要正视自己的优点和缺点。如果你知道自己花钱容易冲动，那就找一个更节俭的人结婚，如果你们都是花钱大手大脚的人，那就制订一个计划。我的丈夫改变了我，我非常感谢他的父母在他成长过程中教给他的东西。

我认为现在的孩子们从来没有持有过现金、Venmo、扫描存款支票和借记卡，从来没有到过银行或看过银行对账单，这让一切看起来都是毫不费力就能得到的，很容易忘记你花了多少钱。

——莫林·库尼·斯泰尔斯

我真的希望我能在年轻的时候获得更多关于投资的信息。我从我父亲那里得到的建议是——永远把你的薪水存到退休后……我确实这么做了，但没有任何其他投资方式……那时候没有互联网这么容易找到信息。我正试图纠正我的孩子们的这种做法，鼓励他们在找到全职工作之前就开始投资。今年夏天我们正在讨论是把钱投入罗斯投资账户还是在校期间偿还联邦学生贷款，因为随着时间的推移，投资的复利将超过低于3%~4%的学生贷款利息。

我们对孩子们的收入、财务状况以及选择如何消费和储蓄都非常开明。我们谈论的事情包括让信用卡为你"工作"，每个月还清信用卡意味着随着时间的推移能获得数千美元。

——珍妮·穆尔

在我成长的过程中，我的父母从未教过我任何与金钱有关的东西。但我很幸运，我的第一个雇主把我保护在她的羽翼下，教我理财知识。她教我如何平衡支票簿，建立信用，不超支。因为这些早期的经验教训，我避免了债务的陷阱，并积累了一笔可观的储蓄。我已故的丈夫和我给孩子也传授了同样的理念。我们在财务方面对他们非常开明，并一直在教导他们。我们对他们很坦率，他们知道我们除了房子的抵押贷款外没有任何债务，我们的负债很少。他们看到我们和财务规划师见面。我们讨论了退休账户、储蓄账户以及分别分配多少比例。我们教他们不要用信用卡透支。我的丈夫在我的孩子15岁和13岁的时候突然去世了，尽管那段时间很艰难，尽管我们失去了家里的主要收入来源，但我们并没有陷入经济困境。我向孩子们保证，我们会过得很好，不会对我们的生活方式做出重大改变。我让他们坐下来，给他们看所有的家庭账单，这样他们就能看到我们花了多少钱，以及我是如何仅凭我的收入来管理预算的。这还能让孩子们了解到你的文书工作或事务（遗嘱、预付、指示、委托书和人寿保险）的重要性。在我看来，所有这些都是学习金融知识的方法。

——艾伦·克拉米

你最感兴趣的故事是什么？事实上，这是非常复杂的，在这一组父母分享的经历中，许多情况都是非常普遍的，即使我们许多人不愿意承认。我们中的许多人根本没有从父母那里学到有关金钱的知识。我们经常被告知，或者被推断，特定的财务里程碑表明我们是成年人了——例如，购买一幢银行说我们能负担得起的房子。

正如你将在本书后面看到的，我通常提倡人们拥有自己的住房。但我不主张买一套会损害你（或你的孩子）生活质量的房子。更大的危险是，当一个年轻人仅仅因为这是成人的一个传统里程碑而买房或进行另一项大宗购买时，比如一辆超出他们预算的新车，这需要承担大量债务，或者生活得拮据一些。

做孩子们的导师，而不是队友

我经常听到父母说，他们想在孩子长大后和他们成为朋友。这可能在他们生活中的某些领域有益处，但当涉及财务问题时，保持一些作为家长的权威，并与孩子们保持距离会更有帮助。相比"老师"这个词，我更喜欢"导师"这个词，因为这个词代表着一种赢的动力，而不仅仅是传授教训——尽管这当然也是我们作为父母的角色的一部分。

请不要因为不相信自己是理财专家而想要逃离这种情况。你已经度过了你的前半生，特别是如果你犯过错误，你就有很多东西可以教他们。例如，哈林顿认为，许多年轻人可以向父母寻求诸如谈判之类的建议——从房租到薪水等所有事情。你可能比他们租公寓的次数多很多。你已经就你要买的东西谈好了薪水或价格。如果你不擅长这些，那怎么办？分享你的失误和遗憾同样有价值，在某些情况下甚至比分享你的成功更有价值。

这也会让你显得更有人情味，帮助他们放松警惕。"我认为父母向孩子们谈论他们做错的事情和他们犯过的错误实际上有很大的好处。我认为在很多情况下，孩子们在成长过程中会天真地认为他们的父母是超人，他们从来没有犯过错误，他们从来没有搞砸过。我认为这会给孩子们带来很大的压力，因为每个人都会犯错"，哈林顿说。

我们可能没有意识到这一点，但作为父母，我们大多数人确实希望我们的孩子尊敬我们，认为我们是成功的。谁不想在育儿方面得到A+的成绩呢？但是，当我们的孩子进入现实世界时，试图保持完美会让我们有一种筋疲力尽的感觉，而且不利于帮助我们的孩子理解成人生活该有的财务现实和责任。

我们大多数人都自认为身边有这样的朋友和家人，他们过着完美的生活，结果却发现光鲜的外表下有瑕疵。当我们看到在金钱问题上自己并非孤军奋战时，这会令人欣慰。通过向孩子们展示我们更全面的财务经历，可以减轻他们要求自己过上完美生活的一些压力。

回顾

1. 不要让盲点阻碍你。你是孩子未来财务状况的最终利益相关者，所以要挺身而出。

2. 反省自己成年初期的挫折，并与你的孩子分享。

3. 让孩子们不被说教就能学会。

4. 倾听他们的担忧，但不要主动帮他们解决问题。

5. 不要因为自己有财务问题就不与孩子讨论金钱这个话题。

第二部分
核心课程

第4章　D代表债务

去年我第二次获得金球奖提名的那天，我就把债务还清了。

——演员吉娜·罗德里格斯向斯蒂芬·科尔伯特讲述了她毕业11年后还清纽约大学蒂施艺术学院的债务经历

如果F（Failure）代表失败，那么在失败来临前会发生什么？是D（Debt），D代表负债。没有父母想让自己的孩子感受到债务的重压。债务会让他们感到压力，让他们夜不能寐。对于大多数年轻人来说，债务真正的痛苦在于在孩子们期待的成年阶段，债务会成为障碍，并有可能阻止他们实现梦想。

债务会阻碍我们的孩子选择最好的职业。这可能会阻止他们去读研究生，因为研究生往往会背负更多的债务。它会阻碍你买车或买第一套房子。债务经常被认为是推迟结婚和生育孩子的原因之一。债务夺走了人们的自由，如果处理不当，还会引发抑郁，破坏人们许多希望和梦想。债务会让他们失去作为一个年轻的、健康的成年人享受生活的自由。但我们不要忘记，债务是一种重要的工具，也可以带来很多的好处。如果没有贷款和经济援助，数以万计的孩子将没有机会接受大学教育。如果没有抵押贷款，无数的房主将永远无法买到自己的房子。如果没有汽车贷款，许多人就买不起车，而他们通常会开车去工作岗位，赚钱养活自己和家人。不管你喜不喜欢，我们社会的经济都与债务息息相关。

许多家长都犯了一个错误，就是"简单粗暴"地对孩子们说：不要欠债。这是一个伟大的愿望。但对我们大多数人来说，这是不现实的。例如，如果年轻人没有信用卡，这将对他们建立信用评分的能力产生负面影响。因此，我们需要与债务和平共处，优先教育我们的孩子如何利用各种债务做好事，尽量减少做坏事。

简·查茨基，作为四个年轻人的母亲和继母，优先教他们使用信贷的最佳方式，以及为什么在我们当前的文化中，完全避免信贷是不现实的选择。"被别人打分并不有趣，但我们要习惯它，因为人们会这样看你。如果你想租一套公寓、买一辆车，或者申请某些必须与金钱打交道的工作，那么他们可能会看你的信用评分。"查茨基和她的孩子们谈论了信用评分以及它们是如何制定的。但重要的是，她不仅是说说而已，还给孩子们提供了真实的体验。她让他们成为她卡上的授权用户，让他们开始使用。我们家也是这么做的。

查茨基给她的孩子们的建议都是我们应该学习的，能帮助我们消除对年轻人的刻板印象。例如，如果你的信用卡拥有1000美元的消费限额，那么你不应该超过这个限额。乍一看这是合乎逻辑的，但作为父母，我们也应该解释，为了获得最好的信用评分，他们最好只使用最高限额的30%的费用。我们可以向孩子们解释，当计算他们的信用评分时，信用机构关注一种叫作利用率的东西，这是你所欠债务相对于你的上限的百分比。利用率在30%左右或以下被认为是优秀的，将有助于提升他们的信用评分。换句话说，他们希望你有回旋的余地。

年轻人在拿到信用卡账单时常犯的另一个错误是支付最低额度。这在一定程度上是因为信用卡公司经常强调金额的额度，所以总让人以为这是到期金额。我们需要确保我们的孩子知道他们每个月都应该按时支付全部账单。我们还应该让他们知道按时支付每一笔账单（尤其是信用卡账单）是多么重要。这是影响他们信用评分的首要因素。一次逾期付款可能造成严重的后果。起码支付少于全额的款项总比错过付款要好。

同样重要的是，你要确保让孩子知道信贷是如何演变的，这样他们就可以清醒理智地迈入此领域，而不是为了得到融资而被诱惑。有一个极端的例子："现在购买、之后付款"是一个大趋势。乍一看，这似乎是一个坏主意，很多时候都是这样。我们绝对不想告诉年轻人，买一些他们负担不起的可自由支配的东西是可以的，因为大部分贷款暂时还不到。这就是从未来借钱。这是个坏主意，应该予以劝阻。但是，当有人无论如何都要购物时，最好进行几次无息支付，而不是使用信用卡并立即支付利息。这是两害相权取其轻。关键是要避免冲动，在不产生任何利息或费用的情况下还清债务。这是我们作为父母需要向孩子灌输的教育和规则。这不是你一时冲动时用的东西。这是为了负责任的支出和现金流管理，当你决定贷款时，必须要谨慎小心。

几年前，当一位牙齿矫正医生为我们的三个孩子开出费用极高的账单时，我就使用了"零利息"支付计划。他推荐的治疗方法是如果在更年轻的时候就开始矫正牙齿，也就是现在，效果最好。但我根本无法为这个需要治疗多年的项目支付全部金额。我尝试着问了一下我们是否可以在几年内分期付款（是的，矫正牙齿就是这么昂贵！），让我完全惊讶的是，直到那时他们才透露，他们非常乐意为我们提供"零利息"的付款计划，这样我们就可以在最佳时间让孩子们开始矫正。事实上，他们非常乐于提供"零利息"的付款，虽然没有人谈论这种事情，但这种情况很常见。要求分期付款并不可耻！

我记得在我做商业记者的时候做过一篇关于在发薪日贷款的报道。这是指一些人通常以极高的利率借钱，但还款期限只有几天。按百分率计算，他们收取的利息很高，这是一笔可怕的交易。利率高得离谱，让借贷者陷入绝望。发薪日贷款是每个人都应该尽量避免的。这篇报道原本是要暴露这种不良现象。但可悲的事实是，如果一个人处于那种可怕的困境中，有时按时支付账单——如房租、电费或保险账单——比支付巨额罚款和信用评分下降或更糟的风险要好得多。问题是，通常这种一次性的借贷工具很快就会变成一种习惯。

我意识到，即使是建议家长对孩子提及发薪日贷款这种事情，也会让我受到大量的批评与指责。但风险在于，如果我们的孩子陷入财务困境，他们会感到羞愧，并急于寻求短期解决方案，而这些解决方案可能会在不让我们知道的情况下失控。我们从不希望他们为了避免让我们失望而做出糟糕的财务决定。解决办法是确保我们的孩子睁大眼睛，这样他们就知道他们的选择，可以使用的工具，以及有希望避免处理这些问题的方法。

现在让我们对孩子的科普从所有的债务之母开始：学生贷款。

无价的教育是昂贵的

现在，社会正在就高等教育的价值进行很多有益的讨论。多年来，四年制大学学位一直被认为是保证年轻人有能力获得稳定生活并在社会上获得经济提升的最佳途径之一。整个行业都在向父母和他们十几岁的孩子兜售大学教育的价值。不幸的是，虽然我们无法确定我们的孩子能从传统的四年制大学中受益多少，但我们可以在学费方面做一些调查和探索。

据《美国新闻与世界报道》报道，在2020—2021学年，州内学生的平均公立学校学费超过1万美元，对于州外学生来说，这个数字可以翻倍。2021年，私立学校四年制大学学位的平均学费超过3.5万美元，耶鲁大学等一流学校仅学费就接近6万美元。作为纽约大学学生的家长，我可以告诉你，"价格冲击"是真实存在的。

《纽约时报》财经专栏作家、《花多少钱上大学》一书的作者罗恩·利伯建议尽早与孩子开展对话，让你的孩子知道你正在为他们的教育存钱。你可以从他们上中学开始，每个季度给他们看一份"529教育储蓄计划表"，这样的话，他们就明白了你在为他们的大学学费做攒钱计划，他们也应该提前考虑。以下是利伯为家长提供的示例：

....

"我只是想提醒你，我们在为你以后的大学学费存钱。我们希望你上大学，如果你认为这对你来说是值得的，我们也认为这对你来说是值得的。我们想让你知道，在这一点上，我们有22%的总储蓄……我们对此感觉非常骄傲，我们正在制订一个学费计划，我们希望你知道。"

....

利伯认为这将帮助你避免在孩子16岁时才第一次坐下来手忙脚乱地谈论大学和你对他的期望。

在"成长和飞翔"社区中，玛丽·戴尔·哈林顿也表达了同样的观点："每年春天，我们的脸书群里都有很多人说他们的心碎了。有人说她女儿进了梦寐以求的大学，但她们付不起学费。我不敢忍心告诉她，也许那所梦想中的学校一开始就不应该出现在心愿名单上。"

大学财政援助：以学生为中心

提到贷款上大学，最理想的情况就是不贷款。最好的方法是利用尽可能多的经济援助资源和其他不需要还钱的资源。换句话说，就是用奖学金、助学金，还有你在"529教育储蓄"或其他储蓄工具中为上大学存的钱。是的，如果你的祖父母在经济上是有保障的，而且想要给他们的孙子孙女提供学费或资助"529教育储蓄"，那么你无论如何都要接受这笔钱——你和他们的孙子孙女都要表示感谢。

别忘了，上大学的学费不是一次性支付的。在大多数情况下，它会分为四年左右。这意味着你可以用赚来的钱来补充储蓄，而不是去贷款。大多数大学也有简单且低成本的付款方式，允许你将每学期的学费划分为多次支付，而无须支付任何利息或罚款。我知道这些，是因为我的家人就用过这种付款方式。

利伯提醒家长们，当父母以自己的名义贷款时，要非常小心。他看到父母"为了实现目标恨不得砸锅卖铁"，而他们的孩子却不贷款一分钱。他们不想让孩子知道如果不借钱就上不了大学，他们也不想让孩子失望。利伯说："我希望人们不要做这样的事。打击自己对任何人都没有任何好处，你的孩子比你更能感觉到这些。他们很有可能正在读你的邮件、从你身后偷看信息、找到了某种方法来查看你的投资账户，或者无意中听到你与爱人、前任、金融理财师或朋友之间的对话。"换句话说，上大学的费用关系到孩子们自己的经济前景，而不是你的。Nerdwallet网站的利兹·韦斯顿对此表示赞同："我曾看到一些父母替孩子们背负着巨额的学生贷款债务，他们无力偿还，打算用余生来偿还这些债务。这正是其中的可怕之处。"

律师莱斯利·泰恩和她的丈夫目前有五个正在上大学的孩子。她坚持认为他们与此事有利害关系。她说："我让他们贷款上大学，这样他们就能了解贷款流程。他们都有联邦贷款，有些孩子还有私人贷款。他们都明白还款的过程。他们了解免费申请联邦助学金的内容。他们知道贷款的后果，也知道这意味着什么，以及贷款会如何影响他们的信用。"

并不是所有人都接受这个观点。"我的其中一个孩子说：'你为什么不能卖掉佛罗里达的房子来供我上大学呢？'"她补充道，在孩子们成长的过程中，她作为单身母亲一直慷慨地抚养着三个孩子。她为孩子们的露营和青少年旅游而埋单。他们什么要求都能被满足，是享有特权的。她坚持认为，现在他们都是成年人了，无论她有多少钱，她的孩子们都必须为自己承担责任。

泰恩告诉我，在她的经历中，很多来找她的客户们都替孩子们背负着本科学费的贷款。这些父母可以用来支付孩子教育费用的贷款，是与孩子的学生贷款分开的。它不像许多学生贷款那样有相同的限制、保护和宽恕选择。例如，他们没有收入要求，信贷标准放宽，比学生贷款利率更高。根据2021年高校计分卡的数据，"父母PLUS"贷款的中位数是29945.3美元。

泰恩回忆起最近的一个案例，一位客户的前配偶起诉了他，以阻止父母中的另一方用贷款支付学费。

当泰恩的女儿被一所州立学校录取，却选择了一所学费昂贵的私立学校时，她很清楚学生贷款是她女儿自己的经济责任。"她应该对自己的学费和联邦学生贷款负责，而且她完全清楚这一点。我们最近看了收支情况，她跟我谈了谈预算，以及她在毕业后要如何做预算来支付这笔钱。"

哈林顿强调，你必须向孩子公开你自己当时支付梦想大学费用的能力，以及他们需要支付的费用。"我认为重要的是，你要让孩子们知道你的经济能力其实是有限的。他们不能不现实地选择任何一所学校去申请。如果他们要申请大学，他们应该知道自己能申请哪些学校、不能申请哪些学校、学校可以离家多远，因为如果房租太贵他们有可能得住在家里。"她补充说，对于父母来说，公开自己的经济能力是非常重要的。许多父母持反对意见，一方面是因为他们觉得这不关孩子的事，另一方面是因为他们可能会为工作了这么多年经济状况却没有好转而感到羞愧。

事实上，互联网信息这么发达，你的孩子很有可能没花费太多力气就了解到你的财务状况。而且，互联网上的信息只能显示你所有财务的一部分，这可能会让他们对你的财务状况的理解产生偏差。因此，你最好提前做好准备。当你准备好告诉孩子时，确保他们掌握正确的信息，并尽可能完整地了解你的财务状况。

对于大多数家庭来说，免费申请联邦助学金几乎会暴露你所有的财务秘密。因此，提前分享信息是有意义的。这样的话，他们就可以以一种你最舒服的方式，或至少不那么不舒服的方式来知晓。

帕姆·卡帕拉德是一名国际金融理财师、金融咨询师，以及Brunch & Budget的创始人。"我记得当我不得不向父母索要纳税申报单时，我妈妈感到被冒犯了。但作为孩子，我们最终会发现父母的财务状况的。你不希望孩子们在17岁第一次免费申请联邦助学金时才知道这些。"

主动向孩子告知你的财务情况也可以成为和他们聊天的一个契机，你可以告诉他们你做过的财务决策以及原因。他们会从你分享的内容中受益。比如，你为什么捐赠或不捐赠某些事业、为什么投资某些行业，以及可能你承担了一些他们永远不会知道的隐藏费用，如支持那些需要帮助的朋友或亲戚。你不必透露那么多细节，如具体到那个人是谁，但根据我们之前谈到的家庭生态系统的思想，我们的孩子应该看到，虽然我们不希望家庭成员过度依赖对方，但我们确实希望彼此在真正需要帮助的时候出现在对方身边。

你可能会想，不，我不希望我的孩子在毕业时背负债务。你的想法百分之百正确，让一个孩子承担这么大的压力确实太可怕了。但是，我们要找到另一种不让自己背负债务的方法来避免这种情况。没有什么比一个孩子因背负与教育相关的大量债务而无法开始自己生活更糟糕了。但比这更糟糕的事情是父母不得不向他们已经成年的孩子寻求帮助，因为父母为了支付孩子的大学学费已经把他们自己的积蓄花光了。

确保他们在规划自己的资金（做预算）

我和上大学的儿子最难忘的一次谈话是他来找我和我的丈夫要钱，因为他想要支付他的生活费（不是大学学费）。我们要求他告诉我们他需要购买的商品，然后记录他的支出，好让我们知道钱都花到哪里去了。他听到后大吃一惊。他觉得必须告诉我们钱的确切去向是完全不公平的。我记得他的原话是"我不想有依赖他人的感觉。"

但事实上，他确实是一个依赖者，因此我们对他也有约束和期望。对我们来说，如果他想让我们报销他上学期间的食物和家庭用品等基本开支，我们希望知道他每一分钱都花在哪里了。他要对所谓的"可自由支配的开支"负责，比如和朋友出去玩或娱乐的开支。

但这并不是万能的情况。利伯推荐一种慷慨但不会干涉孩子的方法："你要计算出每月的花销，把它乘以12，然后把这笔钱一次性存入银行账户，然后对孩子说'一年后我们再谈生活费的事，而且那时也不会救助你'。"利伯解释说，孩子仍然需要基本的生活，但如果他没钱了，他必须自己想办法。用利伯的话说，"事情就是这样的。"

这和我十几岁时我父亲的做法很相似。他会为三个孩子分别安排一次面谈。我们会在他的书房里听他讲话，每个人都会向他汇报我们这学期的预期开支，然后就这个问题进行讨论。我有个习惯，就是总觉得钱不够用。因为当你要一笔长期生活费时，这个金额听起来会很大，以至于我每次都不敢要这么多钱。我总是低估自己的生活成本。通常情况下，因为我在大学里有份兼职工作，所以我可以弥补金额上的空缺。还记得吗，我慷慨的老爸说得很清楚，条件是他写完支票就完事了。

但当我大三出国时，预算不足的问题开始不断地困扰我。我根本没有研究过在巴黎生活的成本，因为在那里我根本找不到挣外快的工作。当然，在互联网出现之后，计算不同地方的生活成本就不再那么困难了。但我太天真了，我甚至没有想过要研究一下在巴黎生活的成本，更不用提在周末去探索其他地方了。现在回想起来，我应该计算出额外的费用，并向父亲说明我需要更多的钱。

最后的结果是我几乎每顿饭都在吃非常便宜的法棍和黄油三明治，住在零星级的青年旅馆，在国外度过了非常节俭的一个学期——顺便说一句，其实这完全没问题。因为当时我认为不应该向父亲要更多的钱。通过这次经历，我明白了在未来我需要更精细地筹备我的预算，并使用可行的工具进行调查研究。

不要让债务毁灭他们的梦想

我们现在生活在一个越来越依赖债务运转的世界中。对于许多年轻人来说，他们人生中的第一笔债务就是学生债务。许多人都是稀里糊涂地就贷款了。在没搞清楚贷款是如何运作的情况下，他们就可以用信用卡或贷款其他项目了。正如我们之前已经讨论过的，许多人认为最低还款额就是他们应该支付的金额。一些年轻人告诉我，他们认为建立信用的最好方法就是时常背负一些债务。显而易见，这是完全错误的想法。

我仍记得我的朋友大卫·巴赫在他大学时代分享的故事。作为一名投资顾问、《拿铁因素》以及10本书都登上《纽约时报》畅销榜的作者，他取得了巨大的成功。作为一名年轻人，巴赫在大学里欠了债，最后他的父亲帮他还清了债务。他没有从这次经历中吸取教训，反而又一次陷入了债务危机。而这一次，他没有得到父亲的"救助"，他得自己挣钱还债。于是巴赫开始做起了生意，了解债务对人的影响。

偿还债务

归根结底，如果你的孩子有信用卡、学生债务或其他债务缠身的话，那么最好的还债方式是对你的孩子授之以渔。也就是说，可以将一些行之有效的方法与他们讨论。

就我个人而言，我是技术运用的狂热粉丝。我已和泰利科技的团队合作多年，因为我坚信他们的应用程序简化了偿还信用卡债务的程序。简言之，这个名为"tally"的应用软件将找出最有效的方式来偿还债务，然后设置自动还款。如果你在财务上符合条件的话，他们还可以提供将债务合并为较低成本的信贷额度的服务。

学生贷款债务也可以由一些公司合并与再融资。这既可以降低利率，并且根据新贷款的结构，还可以降低月供。需要注意的是，如果你的孩子把联邦贷款转到私人贷款系统，他们可能会失去一些重要的保护，所以要小心行事。

还有一些比较受欢迎的债务偿还策略，他们适用于任何类型的债务。还债就像减肥一样，最好的方法就是你自己能坚持下去的方法。雪球法则侧重于先还清最小的债务。大部分钱都集中于偿还最小的债务，而只把最低限度的钱花在所有其他债务上。一旦还清了这笔钱，你的孩子就可以把精力转移到集中偿还倒数第二小的债务，把所有的钱都用到那里。这对那些需要动力的人来说是很棒的主意。雪崩法则的重点是先偿还孩子们需要花费最多的债务，也就是利率最高的债务。这是一种更好的金融交易，因为这样你的孩子支付的利息就更少，债务可能会还得更快。不过通常来说，很多人都难以坚持这个计划。

你应该和你的孩子们谈谈，让他们制订出一个可以坚持的计划，确保他们正在落地实行，并给他们一些积极的帮助。任何计划都应该是自发完成的，如果他们能够通过副业、亲戚的赠品、工作上的加薪或奖金赚到额外的钱，也可以让他们支付额外的费用。

重大决定

说到工作，专业的选择对你毕业后还清债务和谋生的能力有很大的影响。我之所以这么说，是因为对我们许多人来说，尤其是对于那些刚走出校门的年轻人来说，他们会从事多种职业。但这本书关注的是职业生涯初期，所以我们将从这里开始探讨。

哈林顿强调，当你的孩子在选择专业或特殊的教育课程时，了解其职业的潜在收入是非常重要的。为事业而背负巨额债务，最后却无法在合理的时间内还清贷款，这是一个强烈的危险信号。哈林顿说："我认为这对决定学生和家长应该承担的债务金额有很大影响。例如，你有一个想要主修计算机科学专业的学生，他们显然既可以承担联邦债务，也可以在必要的情况下承担一些个人债务，因为他们的职业前景和工资前景比教师强得多。"

这种现实深深触动了我的女儿。四年前，她进入教育学院学习，打算成为一名教师，但四年后却从信息学、计算与工程学院毕业，因为她想要财务自由。虽然她真的很喜欢和孩子们一起工作，做野营顾问和救生员，但事实是她也想在财务上少一些压力。以她的家庭情况，无论她选择哪条道路，她都不会背负大学债务。但在和我与她父亲多次交谈后，她得出的结论是，她想要一份比教学更有经济效益的职业。如果社会足够重视教师，让教师在经济上获得更多回报，那就好了，但那不是她当时的选择。如果她选择了教育行业，她将无法在两年内攒足够的钱，不仅不能买自己的房子，还不能支付抵押贷款和其他持续的相关费用，仍要依赖她的父母。

这是成年人的生活，作为父母，我们的义务是帮助孩子根据他们的优先事项做出最好的决定。

院校选择

虽然我个人主张让大多数年轻人上大学，但社会中有很多关于替代教育路径的讨论。卡帕拉德提醒我们，上大学的成本越高，相对的经济回报就越低。"大学学费每年上涨5%。那么20年后，仅仅是送一个孩子上大学就需要50万美元。这是不可持续的。"

她说，这个数字让她的客户们大开眼界，并建议他们认真考虑一下，用这些钱还可以做些什么。她建议家长们要仔细考虑"529教育储蓄"，在这项计划中，父母必须将这笔钱用于教育费用，例如父母可以鼓励和帮助他们的孩子创业或用这些储蓄买房，以此获得财务保障。"像谷歌这样的公司会说'我们不在乎你是否有本科学位，我们只关心你能不能完成工作。'我认为有更多的公司正在以这样的方式招人。你真的能胜任这份工作吗？你有经验吗？"

她说，最重要的是，无论孩子们上不上大学，他们都必须做一份工作来亲自看清职场的现实残酷和个人的美好理想。这是教育的一部分，但与课堂教育无关。

回顾

1. 债务，如果使用得当，可以成为一个有价值的工具，帮助一个有财务能力的成年人开始生活。

2. 应该让你的孩子们知道，虽然你不会偿还他们的债务，但如果他们陷入经济困难，也可以向你寻求建议和指导。当他们真的向你寻求帮助时，准备好为他们提供偿还债务的具体方法。

3. 父母要公开自己的财务负担，包括债务。

4. 帮助你的年轻人规划他们将如何偿还为教育而欠下的债务，同时也要考虑到职业选择。

5. 让孩子们知道，除了上大学和随之而来的债务外，人生还有其他选择。

第5章　事业基础

我不想让别人来决定我是谁，我想自己决定我是什么样的人。

——艾玛·沃特森

当谈到孩子们的职业生涯时，大多数父母都希望孩子们能实现他们的梦想，而不是我们的梦想。但父母也有责任尽早帮助孩子们厘清大学专业、上学费用和毕业工资之间的关联。这一点尤其适用于研究生，因为许多有着高学历的文科生却往往从事着低薪工作。但问题是：如果我们作为父母不仔细倾听他们想要做什么，只是试图硬塞给他们一个职业去向，他们就会把我们拒之门外。所以这里有一个微妙的策略：如果我们帮助孩子选择正确的、充满热情的职业，那么激情往往能为孩子带来更多的回报。

艺术家安迪·沃霍尔在事业有成之前，曾做过大约10年的商业插画师。他的薪水都用来支付账单，并支撑他成年后的生活。同时，他在广告界的工作也为他以后日常生活用品的相关创作埋下了种子。沃霍尔也是一个很好的例子，说明父母可以成为帮助孩子事业起步的资产。有趣的事实是：安迪·沃霍尔在20世纪50年代末为I. Miller创作的一些鞋子广告中有他母亲茱莉亚·沃霍尔的插图说明。

对现实生活方式的规划也很重要。比如，我有一个朋友想做全职母亲。而她的丈夫想要一份稳定的工作，这样他就可以继续留在乐队里，和乐队一起演出，偶尔还能去旅行。因此他们选择搬到生活成本更低的地区。这些选择有助于帮助他们实现理想的生活方式，在不依赖父母的情况下，让他们能够追求对他们来说最重要的东西。

许多父母希望他们的孩子在20多岁时就住在自己家附近，期待孩子们的生活方式与父母在40多岁、50多岁和60多岁时的生活方式一样。我们需要提醒自己，这些年来我们的生活方式很可能已经升级了。当这一切发生时，大多数人都会有一种成就感，我们可以做一些事情，比如增加储蓄和投资，或者在任何对我们来说最重要的事情上改善我们的生活方式，因为我们经历了自己里程碑式的成年。父母往往是给孩子施加无形压力的人，只希望能让他们在经济上领先一步。我们稍后会详细讨论这个问题。

专注于成为一名倾听者

不要因为你的孩子想做一些你不太了解的事情就妄下结论，这不是一个好主意。想想看：在你制定职业规划的时候，很多收入丰厚、前途光明的工作根本不存在。事实上，我们中的许多人甚至没有刻意规划我们的职业生涯，所以当我们听说我们的孩子想要成为油管视频主播，或者对他们来说最重要的是一份反映他们价值观的工作并致力于创造一个更美好的世界时，我们需要在抛出一堆评判性的建议之前先克制一下自己。他们的人生规划上可能没有与金钱有关的目标，但这并不意味着他们不知道收入的必要性。他们可能只是没有把收入作为他们的首要任务。不要忘记：随着孩子的成长，事情的优先级可能会发生变化。

在孩子的父母是第一代美国人的家庭中，这是一种很常见的冲突。父母们关注的是安全，为了让孩子有机会过上更好的生活，父母经常冒很大的风险。在这些家庭中，父母希望他们的孩子从事安稳的职业，在他们看来，这些职业能提供经济保障和社会认可度。这就是为什么你经常听到前几代人的父母希望他们的孩子成为医生和律师。他们的看法是，如果他们的孩子走上这条职业道路，就没有风险。不幸的是，这种情况已不复存在。例如，如果一个孩子真的想成为一名医生，这可能是一个了不起的职业，非常值得追求。但无论如何筹钱，实现这一目标都可能耗资巨大。这不仅涉及多年的学校教育和培训，还包括多年的收入损失、潜在的债务积累，当然还有生活方式的选择。与此同时，医疗行业（它也是一个行业）正处于转型时期。现阶段对医疗专业人员的需求很大，但并不局限于医生。对医生来说，保险和管理费用等成本可能非常高，而且对许多人来说，他们的收入增长并不像他们预期的那么多。

所以，你应该坚持让你的孩子进入医疗行业，而不是坚持让你的孩子成为一名医生。倾听他们的兴趣，询问他们的计划和担忧。谁来支付孩子多年的学费和相对较低的收入呢？他们想要从事的医学领域的薪酬水平如何？

为了达到这个目标，包括放弃作为一个年轻人的许多"乐趣"，他们准备好了吗？没有学习他们可能感兴趣的各种专业课程有什么风险？他们希望得到怎样的补偿：是必须建立自己的私人诊所，还是以雇员的身份工作？他们要背负多少年的债务，这会对他们过上自己想要的生活（可能包括寻找伴侣和建立家庭）的能力产生什么影响？你可以把讨论的范围扩大到医疗保健的其他领域，这些领域可能是有利可图的，而且能让你的孩子同样或更感兴趣，没准还符合他们的收入目标和生活方式目标。他们可能会考虑成为一家医疗保健公司的高管，或者如果他们想面对病人，可以考虑做一名护理师。像Indeed.com和Monster.com这样的网站是研究不同职业平均工资的很好的资源。

心理健康咨询师珍妮·哈洛兰专门从事对儿童和青少年社交和应对技能的辅导，她也是《儿童应对技巧练习册》等书的作者。她提醒家长们，当孩子带着职业抱负来找父母时，要学会辨别自己的想法是偏见还是观点。例如，哈洛兰的一位邻居对她女儿想成为一名美发师这一主意并不感到兴奋。她担心这会限制女儿的机会和收入。哈洛兰说，这是一个例子，说明我们作为父母是如何把对工作的判断与自己的身份联系在一起的——冒着疏远孩子的风险。我们也可能完全错了。"她做美发师赚了很多钱。但人们并不一定认为这是一个赚钱的职业。"

如果你的孩子想要的工作不能支持他们理想的生活方式，提前讨论这个问题是很重要的。关于不同职业的薪酬以及不同地区的生活成本，有大量现成的信息可以阅读。告诉他们事实，然后让他们理解。并不是所有的决定都需要马上作出，他们现在想做的事情可能会随着他们的成长而发生很大的变化。没有一个工作或职业道路会永远不变。哈洛兰说："我们很难坐下来，就像我认为我可以看到未来，我可以看到这将如何发展。但说实话，拿到学位后工作30年的日子已经一去不复返了，这种情况不会再发生了。"

让我们回到油管视频博主这个最受年轻人欢迎的职业选择。我认识一个14岁的孩子，她现在住在我家，对这个所谓的职业非常感兴趣。你能看到我的白眼已经翻到天上去了吗？可另一方面，我有什么资格说他不会成功呢？到目前为止，我的策略是提出问题，倾听，然后观望。当我问我的儿子是什么驱使他对油管视频感兴趣时，他解释说，他觉得他观看的油管视频博主对世界有很大的影响。例如，一位名叫野兽先生的油管视频博主筹集了数千万美元用于护林和植树。这告诉我，我有个想做好事的孩子。我问他野兽先生是如何赚钱的，他解释说，他通过赞助来获得捐款，他还在自己的视频上播放广告，这能带来收入。换句话说，虽然我对我的孩子成为一名油管视频博主有很多保留意见，但如果认为他没有考虑过从他的职业选择中获得收入的重要性，那就错了。

如果我认为他对电子游戏的痴迷不会影响他的职业选择，那我也错了。例如，在过去，我们可能会认为一个在学术能力评估测试（SAT）中得了高分的高中生可以成为一名SAT家教，并在学校兼职赚钱。但事实是，现在的年轻人也可以在课外班和营地教更小的孩子电子游戏技巧来赚钱。他们还可以成为游戏公司的顾问，寻求反馈和游戏开发支持。游戏公司对编码技能有很大的需求，并且此技能可以在行业中带来更大的机会。

我的观点是，在我们把他们推向我们认为"更安全"或"更现实"的职业领域之前，我们都应该花时间听听他们的想法。如果他们真正有才能和职业道德，我们应该帮助他们创造一条从他们的激情中获利的道路，告诉他们在他们选择的行业中，钱在哪里，并帮助他们找到更多的方法，而不仅仅是享受成为消费者和成为所有者。

利兹·韦斯顿补充说，人们的职业收入在不断变化，我们只需要确保我们的孩子准备好了。我们应该记住，我们无法预测未来什么样的工作、什么样的技能会很重要。

谈判技巧不容讨价还价

教会我们的年轻人如何谈判是非常必要的，尤其是当他们找到第一份工作的时候。第一份薪水可以作为日后在公司内外加薪的基准。但由于一些原因，它也可能是最难谈判的一个。

我记得，我试着谈我的第一份真正的全职工作是在美国全国广播公司财经频道，当我问他们是否可以提供更高的薪水时，我立刻被拒绝了。我未来的老板干脆地说："你刚刚大学毕业，没有全职工作的经验，能得到一份有福利的全职工作，是你的幸运。我们周一见。"然后她挂了电话。是的，然后我周一就去上班了。

帕姆·卡帕拉德对此并不感到惊讶。"你的第一份工作可能会被否决，但是有要求加薪和自我推销的经验很重要，尤其是在第一份工作中。可惜当时没有人告诉我可以这样做，我甚至不知道我可以谈判。我觉得这对我来说是一个很珍贵的学习机会。"但这并不意味着我们不应该帮助孩子学会为自己的薪水进行辩护。

比如，当我刚开始创业时，我朋友的女儿正在找一份带薪实习。我认识她很多年了，认为她会是非常合适的人选。在面试她之前，我和我的朋友（她的妈妈）谈过，我们决定通过模拟面试的方式来帮助她的女儿学习谈判。我告诉我的朋友，我要低报她女儿的薪水，并确保她女儿知道如何反击并协商一个更高的薪水。面试结束后，我向她发出了实习邀请。我板着脸，但心里当然希望她不只是接受目前的薪水报价，而是希望她接受她妈妈的建议，要求更多的薪水。她做到了。我告诉她我得考虑一下，然后第二天我就答应了。

这听起来有点刻意，对吗？当然。但这是一种让她的女儿练习为自己辩护、谈判，然后妥协的方法。想想你能帮助孩子的方法。这听起来很难，但是即使他们犹豫不决，把现实世界的场景模拟出来也是有效的。找一个在自己领域的朋友也可以给他们练习的机会，当他们需要的时候就可以运用到工作中。

生活已经够艰难了——做自我介绍（如果可以的话）

事实上，生活是不公平的，作为父母，我们所做的一切都是为了公平竞争。对我们大多数人来说，我们处于中间的某个位置。我们不能立即为我们的孩子创造成功，但我们可以在这个过程中做一些事情来增大他们成功的概率。

我们很容易抱怨某人的孩子有这种优势，或者我们希望我们有一个家族企业可以经营——这样的例子数不胜数。你的孩子可能会告诉你，他们的一个同学或朋友正在这个地球上最迷人、最令人兴奋的地方获得一份极好的实习工作。虽然这可能有点夸张，但事实上，一些年轻人确实一毕业就有一个良好的开端。绝大多数的年轻人既没有这样的优势，也没有什么机遇。许多人甚至还在努力弄清楚如何进入他们选择的行业。

注意：别搞错了。这些领先也可能适得其反。当人们知道某人得到一个职位是因为他是老板的孩子或其他原因，他们很可能会受到严格的审查。如果这个人不能胜任这份工作，问题很快就会暴露出来，有时还会适得其反。

世界是不公平的。在你年轻的时候，它可能就不公平，现在它仍然对许多人来说不公平。这就是为什么我提倡利用你所拥有的一切优势来帮助你的孩子走向一个他们可以成功的地方。以现实的角度看待他们的技能和优势。如果你的孩子喜欢唱歌，但五音不全，不要打击他们，试图通过朋友的朋友的朋友给他们试镜。然而，如果他们有天赋和动力，你可以创造性地帮助他们脱颖而出，并与潜在的机会联系起来。

举个例子，如果你知道某人的工作恰好是你的孩子想要进入的行业，那就联系一下，问问是否可以让你的孩子进来跟着他们工作一天。不要局限于你最亲近的圈子或公司高层，多问。可能在这个行业的朋友也有孩子，你甚至没有意识到这可能是一个关键的联系。这个请求不会让朋友付出任何代价，甚至会让他们感到高兴。他们可以毫无压力地满足你的孩子。开始联系的时机取决于孩子的成熟程度，兴趣的发展程度，以及你自己的舒适程度。

在这种情况下，最重要的是确保你的孩子做好准备，并以正确的心态去体验。在发送邮件之前，请确保他们明白在这种未知的、可能会不舒服的情况下会发生什么，以及该如何表现。最基本的准备就是确保他们准时到达。

让你的孩子研究这个朋友，这个公司，这个行业，这样他们就可以参与谈话，并对这个机会感到兴奋。这是他们留下就业前印象的机会，而第一印象很重要。你的朋友会对他们进行评估，并可能会考虑如何帮助孩子进入这个行业。乐于助人是人类的天性。所以，给你的孩子培养风险意识，但不要给他们太大的压力，否则他们会吓坏的。

这种方法的优点（在某些情况下也是缺点）是压力较小。这甚至不是一次面试。这只是一个机会，让他们了解自己所选择的行业所在的企业是如何运作的，以及在办公室里工作的典型的一天是什么样的。工作上的成功在很大程度上与我们适应公司期望和文化的能力有关，而花时间在办公室里能对所有这些都有一个更清晰的视角。在新冠疫情后的世界，我们都可能需要在某些时候进行独立工作，这一事实使这种非正式的导师接触变得更加重要。我们需要让我们的孩子知道，即使老板没有在他们身边徘徊，也没有在他们走过的时候关心他们，但当他们在家工作时，他们仍然是在工作。

确保他们知道当天该如何着装。不要以为他们知道自己在做什么。许多年轻人会穿他们认为最能表现自己的衣服。如果他们自己的着装也是得体的，那就没问题。

但如果你一定要干预的话，那就坚定一点。这也是你过去的写照。一般来说，最好的着装是在员工穿着和舒适度之间进行平衡。我曾答应朋友的要求，让一些年轻人和我一起在编辑部待上一天，他们进来时穿得很不得体——这非常不好。

我记得当我表现出对演讲的兴趣时，我父亲安排我在他的公司为投资者举办的一次活动中为公关主管打杂。我花了一天的时间帮助她完成各种各样的任务和跑腿，从让人们进行到场登记，到在会议期间传递麦克风。虽然只有一天，但对我的影响却是巨大的。这些年来，那位公关主管早已离开了那家公司，创建了属于自己的经纪公司，但我还一直时不时和她保持着联系。2014年，当我有了写一本书的想法并想要有人给我反馈时，她不仅接了我的电话，还在我为Financial Grownup品牌开发的过程中多次欢迎我与她见面。她的建议和支持是无价的。2016年，在我们相遇几十年后，我在我的新书发布会上看到她，这对我来说意义重大。

一定要给朋友们还人情，如果朋友的孩子对你的职业感兴趣，问你的朋友是否愿意邀请你去招待他们的孩子。如果他们不感兴趣，那么送一个象征性的感谢礼物会更合适，或是让你的孩子写一封感谢信。鼓励你的孩子定期向潜在的导师发消息，在向他寻求帮助之前就建立起联系。我个人在这方面做得很糟糕，对许多潜在的关系感到遗憾，因为时间的流逝和缺乏持续的后续行动而失去联系的维系。这是很困难的。但这也是为什么保持联系是一个巨大的优势。很少有人这么做！

我经常和那些想要进入新闻行业的年轻人会面，虽然他们在当时感谢了我，还经常发感谢信，但我基本上再也没有听到他们之后的消息。我非常愿意帮助他们，但他们没有主动要求过。因此，请鼓励您的孩子在他们的电子日历中设置一个重复提醒，也许一个季度一次，以和这些可以成为导师的长辈保持联络。

利用技巧

在新冠疫情期间，我们学会了如何收集资源，并思考如何以不同的方式利用我们以前在工作中学会的技能。当年轻人有梦想时，我们就会想要培养他们。但他们也有账单，我们需要确保他们学会在没有我们的帮助下有能力支付账单。有时，这意味着要让他们找到一份与梦想事业相近的工作。

一位21岁的年轻人的故事就是一个很好的例子。他在大学里学习影视类专业，梦想成为一名电影导演。他意志坚定，才华横溢。但更有可能的是，当他一年后从大学毕业时，他将没有找到执导一部大型故事片的工作。今年夏天，就在我写这本书的时候，他正在一家公关公司工作。为什么？因为他在帮助他们创作内容。随着社交媒体的扩张，营销和广告经历了巨大的变化，内容创作现在是一个热门领域，当然，流媒体网络比以往任何时候都要产出更多的内容。从表面上看，创造内容来帮助公司发展与制作故事片非常不同，但内核是一样的。

我儿子也在学习相关专业。虽然内容的质量至关重要，但要想获得经济上的成功，这种产品仍然需要营销。最有可能的是，当他毕业后，他将不得不在一家公司找到一份收入稳定的工作。他正在学习的人际交往技巧将至关重要。我希望他所建立的关系和我为他提出的建议能够为他打开大门。虽然这可能很艰难，但他的个人电影项目很可能是他的副业，直到他能够找到一种方法，将他对梦想的热情化为现实，并将其转化为利润。

新冠疫情也促进了与运输等物流相关的渠道发展，并创造了新的机会，在追求理想的同时，还可以通过副业赚取收入。一个有抱负的音乐家可以在网上教音乐，赚一大笔钱。相信我，在过去的一年半里，我给我小儿子的打鼓老师付了不少钱！获得额外收入的机会无处不在，孩子们从成功中获得的满足感会驱使他们以更有创造性的方式发挥自己的才能。

做规划和预算

如果你的孩子对金钱不感兴趣，也不是物质主义者，你该怎么办？先听听他们的想法。然后试着问一些问题，试着发现他们想要但需要花钱的东西。例如，他们可能会说很想养一只狗。这都需要钱——不仅是购买的成本，还有持续的成本。他们也有可能想去旅行。了解他们的需求，然后提出他们需要的东西。这些都是你现在可能正在为之付出代价的东西。他们可能认为他们不需要医疗和健康花销，但你应该解释为什么他们需要。至少，他们可能真的需要摄入营养。是时候拿出计算器，向他们展示所谓的极简主义生活的实际成本了。

有几种不同的方法来制定预算，并计算出他们成年后的生活成本。我喜欢简单一点。让他们写下三个月的开销。你还应该写下同期与之相关的所有支出。然后互相交换意见，算一算，这样他们就能知道他们的生活成本到底是多少。随着年龄的增长，可以考虑使用预算小程序来帮助他们跟踪支出。确保他们明白，当他们成为你家庭的一部分时，你要承担的成本将是他们作为成年人的责任。

让他们活出自己最好的人生——而不是你的

当我们的孩子开始他们的职业生涯时，我们现在的生活方式很可能比我们在二十岁出头时要节俭得多。我们常常忘记自己现在住的高楼大厦的背后曾经是一小间单人公寓，或者是我们在二十岁出头的时候和一群叽叽喳喳的室友一起吃拉面时居住的那个时候流行的社区住宿。我们希望我们的孩子过得舒适。尤其是当我们看到他们在事业上如此努力的工作时，我们不希望他们改变自己的生活方式。

在经济上对孩子慷慨一些是可以的。只要你的孩子有退路，也不依赖他人无限期地帮助，为他们提供一些支持也没什么错。

金融理财师辛西娅·梅耶警告我们，我们需要确保我们没有人把孩子们正在进行的基本生活方式提高到他们自己不可能维持的水平。这可能会导致他们无法有满足感，无法达到你对他们成功的期望。她说，年轻人的父母"要让孩子们知道孩子的生活方式必须基于他们自己的收入，而不是你的收入，这一点至关重要。我经常看到，尤其是在富裕家庭，孩子上了大学，然后找到第一份工作后，他们认为自己应该像爸爸妈妈一样生活"。

在很多情况下，像父母那样生活是不现实的，我们应该避免把年轻人置于"必须跟上时代"的境地。例如，如果他们要求推荐一家餐馆，而你正处于你人生中富裕的阶段，这并不意味着你应该建议他们挥霍——即使你认为他们值得这样做。不要在孩子情绪低落时建议"购物疗法"。不要鼓励他们度过一个昂贵的假期。不要建议他们收养一只狗，这可能会让他们的预算达到极限。

当你读到这里，应该已经意识到这一点了，但当父母开始以不那么正式的方式与孩子相处时，我们可能又忽略了我们对他们生活方式的期待是不现实的，这种情况确实常常会发生。

回顾

1. 鼓励你的孩子追随他们的热情，让他们走上一条为自己想要的生活方式埋单的道路。

2. 不要在无意中强迫你的孩子跟上你的生活方式。要在观念上向他们的生活水平靠拢，这样他们就能愿意与家庭财务分离。

3. 当涉及他们的职业选择时，发挥你的倾听能力，并对新兴职业持开放态度。

4. 确保他们知道他们可以并且应该就收入进行谈判。

5. 生活已经够艰难的了：为别人引荐你的孩子，如果有需要的话，还可以为他们的孩子提供职业上的帮助。

6. 帮助那些自称是非物质主义的孩子们想明白，低物欲与经济自给自足没有什么关联，财务独立能让他们有更多经济上的选择。

第6章　家庭教室

这不是着陆台，这是发射台。

——托尼亚·拉普利，金融教育家和My Fab Finance的创始人年青一代想要搬出去住是一个相对较新的概念，在许多文化中还不常见。在历史上的大部分时间里，几代人都住在同一个房子里，这是有原因的。共享空间不仅有经济效益，而且家人也通常喜欢彼此在一起生活，并在不可避免的挑战中提供相互支持。在现实情况下，对于大多数父母来说，他们想在自己步入老年和退休后过上经济独立的生活，其中一个目标是让他们成年的孩子离开童年的家并住进他们自己的家。

然而，如果没有正确的金融教育和可持续的经济基础，过快地让他们离开可能会适得其反。作为父母，我们需要谨慎行事，即使你的孩子已经成为成年人了。

让回潮开始吧

从学校毕业——无论是高中、大学还是研究生院——对我们的孩子来说是一个重要的里程碑。这也意味着要思考毕业后他们要住在哪里，这取决于他们毕业时是否有收入来源。如果他们没有收入，那么在大多数情况下，决定很简单：让孩子们搬回家，除非你支付他们不住在家里的费用。完全资助你孩子的生活，而没有他们的任何贡献，这对你来说既会让你在经济上不稳定，也会阻碍你的孩子成为一个经济独立的成年人——除非他们有真正说服力的理由说明他们确实找不到工作。

如果你的孩子确实有收入来源，并且他们搬回家后也有具体的目标并为其存钱，这将给他们一个坚实的经济基础。即使有收入，如果他们刚从大学毕业就住进了按月支付账单的房子里，他们也可能没有条件存储应急基金并拥有良好的信用评级，而如果他们在童年的房子里暂住一段时间，这些东西就会对他们很有帮助。因为有无限的变量和考虑因素，所以这最终是个人的选择。这个决策在很大程度上取决于孩子的个性和个人情况、需求和目标。

为了得出结论，让我们把重点放在他们搬回家后的一段时间的场景上，并假设他们回家有一个明确的目的和持续时间。在这种情况下，父母为一些事情制定家规是至关重要的。假设每个人都在努力拔河，却不事先讨论方向，就很容易导致结果迅速恶化。当每个人都在适应新环境时，可能会出现意想不到的障碍，毕竟上次你的孩子住在家里的时候，他们可能还是未成年的孩子。每个人管理家庭的方式都不一样，但对许多家庭来说，孩子的贡献仅限于做家务和打扫卫生。他们可能收到了津贴，他们可能有一份工作，但他们可能不会付你房租。同样的道理也适用于支付食物和其他日常家庭开支。事实上，他们可能几乎不知道你作为他们的父母要花多少钱来经营一个家庭。

我们中的许多X世代父母为孩子打扫卫生，做大部分的饭菜，洗衣服。孩子只负责学习和取得好成绩，参加需要付费的活动，也许还做一些志愿者工作，当然还有和他们的朋友一起玩。我们把这一切合理化，只是因为想让他们快乐。我们希望孩子们拥有最完美的童年，因为我们知道成年生活可能会很艰难。所以，为什么不尽可能保护孩子们美好的童年呢？这对我们来说通常也会更容易，因为可以避免我们在自己超负荷的生活中增加与他们的冲突。别忘了，我们希望孩子们喜欢我们。很多人私下里都希望孩子们认可我们作为父母所做的工作。对此我感到很内疚。当我十几岁的儿子把家里弄得一团糟时，我知道应该让他自己来收拾。这永远是父母教育的最佳方式。但好多次我都被他激怒了，于是自己把那"该死的"睡衣从地板上捡起来，放进洗衣篮里，只因为我不想再问他一次。作为父母，我们太累了。这是不好的——它破坏了我们让孩子们自己收拾房间的目标。但现在，这太难了。

对了，我提过我们已经筋疲力尽了吗？

在某种程度上，作为父母，我们期待我们的孩子，甚至我们的社区来证明我们做得很好——我们仍需要被认可。这就像我们想要一个养育孩子的"奖杯"，就像我们想要在社交媒体上得到点赞。我们想要有影响力。我们想要保持我们在孩子生活中的重要地位，而不是因为害怕不被孩子重视或被降级为配角而放弃我们在孩子生活中的主要角色。

我一直很内疚，因为在我的孩子没有要求的情况下，我就代表他去找老师，要求让他修额外的学分来提高成绩！我不能忍受他仅仅因为没有按时交作业就得到一个不能反映他非凡智力的分数。

我们在孩子身上投入了太多，我们常常把他们的成功当作我们的成功，而把他们的不足当作我们的失败。然而，这最终会耽误孩子的成长。我们需要承认这一事实：我们经常犯错。要从失败中学习，就首先要允许孩子失败。

规则 + 期望 = 启动

我们的家庭不应该是民主的。作为父母，我们需要为孩子负责，即使当我们的孩子长大后，我们的关系发生了变化，他们也不是我们的室友或朋友，他们仍然是我们的孩子。我们仍然有责任引导他们步入成年。我们的互动方式会有所不同，但他们只要住在我们的家里，就要听我们的规矩，不论自从孩子们上次住在这里以后又长大了几岁。

莱斯利·泰恩律师认为家长应该学会与孩子设定界限。"我不会让我的孩子做主……事情由我来做主。很多人都说我很严格，但我认为我是在教育。我肯定会把父母和孩子分开。"当泰恩的孩子在疫情期间搬回家时，她非常清楚自己的期望。当孩子们要晚餐时，她不会突然开始点餐——即使她有能力支付。但她也意识到，把成年子女留在家里有一个重要好处。意想不到的家庭时光为家人之间坦诚地讨论金钱和未来的财务负担提供了机会。她说："我即将毕业的大女儿让我把联邦学生贷款拿出来，她想看看，然后开始考虑她将如何预算来支付学费。"在疫情期间，她和丈夫与孩子们一起提供经济支持。"如果你想待在家里，完全没问题，但是你得付房租。如果你在远程工作，或者你想要那套公寓，那你就得回学校。我们的每个孩子最后都回到了学校，留在了学校。"

My Fab Finance的创始人、金融教育家托尼亚·拉普利建议，当孩子想搬走时，父母应该主动帮助孩子搬出去住，并强调这不需要直接的经济帮助。"你有很多方法可以在不给钱的情况下支持他们：'嘿，你想去看房子吗？你想开始找房子了吗？你对买房有什么问题吗？你想看一下你的信用评分，你的首付吗？你有存款的银行账户吗？'"她说，进行这样的对话可以让你的孩子知道，你对他们搬走是有贡献的，你是他们知识和支持的源泉。

我们的记忆往往是短暂的，但我们的孩子不是唯一被逐出家门的一代。还记得吗，X世代曾经被称为"懒惰的一代"，住在家里的年轻人被认为是懒虫。现在，这种耻辱几乎消失了。我们需要问问自己：消除社会和同伴的压力，建立一个自己的家是一件完全对的事情吗？

我们的孩子确实应该有一个独立的生活，但事实是，他们经常需要我们的帮助，才能达到不需要我们帮助的地步。拉普利指出，这种帮助并不总是意味着经济支持，它也可以以指导和一些情感支持的形式出现，并开始接受他们在生活和事业中所处的现实的生活方式。

作为一个年轻人，拉普利做了另一个选择。由于经济上的原因，她选择搬回家。她希望她的父母在她和他们住在一起的时候能让她对自己的经济决策负责。"尽管我住在他们的房子里，我的父母并没有真正参与我的财务决策。"拉普利后悔没有把更多的钱存起来，也后悔没有建立自己的信用评分。她还记得，她把401（k）计划中大约1100美元的钱兑现了，而且没有先和父母商量如何处理这笔钱。她希望自己知道，她可以把这笔钱全额转到个人退休账户，而当这笔钱转入她的银行账户时，她只能得到800美元，而不是全额。她现在明白了，她的父母都是退伍军人，他们有两份退休收入，所以那些年父母几乎没有做什么财务计划。

即使你自己不需要亲自管理你的钱，你也需要和你的孩子谈谈，让他们知道你关心他们，你是他们未来经济成功的保证，而且你相信他们。在许多方面，这一切都可以追溯到我们之前讨论过的家庭金融生态系统。

拉普利还提醒我们，我们可以通过与孩子们保持亲密关系来教会他们一些日常的生活技能。如果一个成年孩子住在家里，这可能是一个很好的教育孩子和维持亲子关系的机会。她指出，这可以简单到把他们带到银行或杂货店，或和他们一起打开邮件，给他们看投资报表，让他们看看你的投资账户。你可以向他们展示你的退休账户是如何增长的，或者政府从你的工资中拿走了多少钱。

如果你在犹豫要不要给孩子看你的财务状况，那么你可以选择性地让他们看。但如果我们不试着解决这个问题，随着时间的推移，当我们无法再提供他们多年来所依赖的支持时，损害可能会像滚雪球一样逐年增大。我们也有可能耗尽自己的财务资源，并反而需要依赖他们的支持。

泰恩说，她看到一些父母资助成年子女到二三十岁。一位客户向她寻求帮助，因为她的房子即将丧失抵押品赎回权。泰恩建议她把房子卖掉，因为孩子们都长大了，她不再需要大房子了。后来真相大白：她的成年孩子还住在那里！虽然他们偶尔会在经济上作出贡献，但她没有可以指望的具体的、有文件记录的、定期的经济报酬。

利伯坚持认为，我们应该从一开始就制定规则和期望。"在你的孩子搬回家之前，你要知道，为了省钱，你需要非常详细地了解你的期望是什么"，他说，"尤其是如果他们不用付房租的话。"他补充道，我们需要非常具体地制定家规，不要认为任何事情都是理所当然的，或者假设他们认为自己作为成年人住在家里会与众不同。"这是什么意思？他们的责任是什么，他们需要为你做什么，你有什么特权去窥探他们的生活或他们的生计？应该就这些问题与孩子进行一些协商和沟通，而不仅仅是想当然地认为你住在家里就不用付房租。"

比如，你可能想让他们知道，如果你提供任何经济支持，包括免费住房，你的条件是需要查看他们的银行账户和支出情况。如果他们反击，你要坚守阵地。如果他们继续留在家里，你可以随时改变你的条件。如果你支付他们的电话费，你必须有机会看到账单。换句话说，如果你付了账单，你就要看到账单。情况就是如此。

《在世界上找到你的位置》一书的作者朱莉·利思科特·海姆斯强调，父母要对自己的育儿能力有信心，相信即使孩子独立生活了，他们也会没事的。她强调，我们需要退后一步，给他们空间，让他们看看成为父母需要付出什么代价。"你的孩子不懂得抚育一个生命所需要的实际费用。孩子们把事情说得很简单。这是有问题的。"利思科特·海姆斯说，那些一直阻止孩子理解自己真正花销的父母是在让孩子活在虚幻中，而这最终会伤害到他们的孩子。"如果你不把能力转交给他们，你就是在让他们依赖你"，她警告，"你最好有足够的钱，在你死后留下遗产，让他们永远靠遗产生活下去，因为你没能教会他们自己独立做事。"

心理健康咨询师珍妮·哈洛兰见过一些父母不给孩子失败或犯错的空间。"实际上，我们需要让他们经历失败的时刻。我们需要让他们挣扎。要让他们看着别人比赛，坐在场边，心里暗想：如果我在场上，我能让比赛变得更好。"哈洛兰解释道，如果有什么事情会对他们的生活产生巨大的影响，作为父母的我们应该明智判断并介入，但你必须允许孩子们犯小的财务错误，这样他们才能自己找出解决问题的方法。我们也要有耐心，给他们从生活中学习的空间。哈洛兰说："这很难，因为我们想和孩子们进行沟通，帮他们一下子解决问题。但生活不是这样的。我们必须按部就班地进行，这样才能让事情随着时间的推移发展。"

利思科特·海姆斯补充说，如果父母给他们一根拐杖，让他们拄着，那么他们就不能学会自己走路了。与此同时，她担心家长们正在损害自己的财务状况。当孩子们对自己作为成年人的能力没有信心时，这也会对他们自身造成心理伤害。"当一个人在生活中缺乏自主权时，他们基本上是被别人管理和掌控的。越来越多的研究表明，这会导致焦虑和抑郁。"

父母如何与孩子沟通是至关重要的。父母应该坚定地表达观点，但也要让他们知道，你相信他们有能力在你的家里生活，不是作为一个孩子，而是作为一个家庭的成年成员。这些期望的存在是特别的，因为即使你作为父母爱他们，你也依然相信他们有能力成为家庭的成年成员，并接受他们变为成年人的角色转变。

必须设定一个截止日期

每个孩子的情况都不一样，这不仅取决于他们搬回家的原因，也取决于他们搬出去的原因。当他们搬进来的时候，或者可能在那之前，进行一次谈话是绝对有必要的，关于他们预计会在家里住多长时间，他们充分利用他们生命中这段时间的计划，以及他们搬出去需要达到的目标。

玛丽·戴尔·哈林顿提醒我们，如果未能尽早做好准备，将会导致一些非常艰难的情况。"如果他们是一次又一次地回到你身边的年轻人，而且他们的收入与支出还没有达到平衡，那么一定有一个坚持不下去的时刻。对所有人来说，这无疑是一个非常痛苦的时刻。"

回顾

1. 当一个成年的孩子搬回家后，要立即建立规则和期望。不要想当然地认为你们达成了共识。

2. 要认识到你的孩子已经是成年人了，调整家庭分担制度以让他们参与对家庭的贡献。

3. 给你的孩子失败的空间。

4. 无论孩子年龄大小，你仍然是他们的父母，而不是同龄人。

5. 制定一个时间表，如果要调整的话，要确保双方就放手策略有清晰的沟通和具体的预期。

第7章 （生活方式）通货膨胀

钱放在银行里总比放在你自己手里好。

——索菲亚·阿莫鲁索，Girlboss创始人随着孩子的成长，他们挥霍的欲望会呈指数级增长。我们可能觉得自己能理解，但事实上，有一些新的、强大的力量正在影响我们孩子的支出——包括网红。你可以把这个力量想象成一天24小时都在呼唤他们的同辈压力。

我们的年轻人无时无刻不在上网和使用社交媒体。他们是数字原住民，在智能手机出现之前没有任何生活经验。根据皮尤研究中心的调查，在18~29岁的年轻人中，有84%的人上网。他们的资金在Venmo和Zelle等应用程序上流动。事实上，很多青少年都在使用社交媒体，大多数平台要求用户年龄超过13岁就可以使用，而他们却要等到18岁才能有自己的银行账户。（注意：他们应该有一个青少年银行账户，作为父母的我们可以为他们设置并监督。）

根据相关营销报告的数据，超过70%的青少年认为油管视频博主比名人更值得信赖。他们认为油管视频博主更有亲和力，也更真实。我们不能否认：有强大的力量正在发挥作用，推动着孩子们及其同龄人的消费决定。他们在社交媒体上看到的内容有很大的影响力，在孩子们能力还跟不上的时候，就被视频内容推动着消费升级。我们还需要注意的是，在我们的成长过程中，购物选择仅限于有时会关门的实体店，而我们的孩子则通过手机和其他设备全天24小时都有购物的机会。他们永远没有机会回到只有线下零售商品的环境中了。

很有可能，向他们推销的不是电视广告中的儿童演员，而是油管视频上的明星，他们与孩子分享为什么喜欢某种产品，他们真心想让所有的朋友都拥有它——因为他们在乎。毫无疑问，你的孩子点击链接并在线付款，而油管视频博主则能从客户的消费中获得分成。再加上青少年在生活和学业中承担的压力，使我们的孩子就是那些商品的目标人群。Barnes & Noble College Insights最近对1108名18~24岁的大学生进行的一项调查显示，自新冠疫情暴发以来，年轻人使用社交媒体的次数明显增加。虽然浏览次数多于购买次数，但2020年的调查显示，在Instagram上关注品牌的Z世代大学生中，近一半（47%）的人曾通过该平台购买过商品，72%的人更有可能从他们在社交媒体上关注的品牌购买商品。快速零售的诱惑是真实存在的，且没有放缓的迹象。

成年孩子们有钱的早期阶段

主持"婚姻、孩子和金钱"播客的家庭理财专家安迪·希尔担心，随着孩子们搬出大学宿舍或父母的家，开始作为成年人赚钱时，他们对自己增强的消费能力感到兴奋，这可能会迅速导致他们开始无节制地消费。"他们刚从大学毕业，那时还只能吃泡面和比萨，而突然之间，他们离开大学后就能赚60美元、70美元或80美元。他们可以得到那辆车，可以买下那所房子，也可以去俱乐部，还可以和朋友一起度假。"他们可以做所有这些事情。但很可能他们还没有完全意识到成年人必须承担的其他事情：比如支付所有的账单，建立应急基金，开始为退休、短期和中期目标存钱。

在我们的青少年和年轻人得到第一份成年后的薪水（我们很快就会讲到这部分），并落入随之而来的潜在陷阱之前，我需要花点时间来解释一下，因此选择把这个话题作为核心课程的一部分。作为父母，我们需要在他们人生的这个阶段调整好对他们生活方式的期望，牢记社交媒体的巨大影响。

希尔真希望他当时能明白这一点。"我还记得我大学毕业时那种不切实际的幻想。我只是觉得，无论我父母有什么，我都想马上要"，他说。"他们有一辆豪车，所以我打算在22岁的时候租一辆，为什么不呢？我需要一辆奥迪。"

这不仅会花光他们所有的收入（有时甚至更多），还可能会导致债务问题和其他困难。这也意味着他们错过了一些有利的机会，包括扩大投资，因为他们的资金还有很长一段时间可以增长。此外，他们每年还可以从雇主那里得到"免费的钱"——如果他们花时间了解有什么资源可用，并跟进确保他们作出了必要的研究，以从这些项目中获得最大的价值。

希尔如今回顾过去，仍会后悔自己的个人选择。"我希望在我21岁或22岁的时候，刚大学毕业就去做的一些事情，就是利用我的雇主通过401（k）计划提供的免费资金，或者利用一些雇主现在提供的HSA计划，这些计划都非常棒，是省钱的好方法。"

辛西娅·梅耶是Real Life Planning公司的国际金融理财师，她指出，对于父母来说，这其实也是一个数学问题，孩子们一毕业就开始巨额花销是不合理的，你要采取坚定的立场。"我的意思是，除非你打算补贴他们的生活方式，否则他们的生活水平就会走下坡路。确实，因为一个人在20多岁时挣的钱不会和50多岁时挣的钱一样多。"

迈入成年的里程碑是代价昂贵的

如今，对许多年轻人来说，最大的经济压力之一实际上与结婚这一成人里程碑有关。虽然这场疫情确实给了我们很多时间和空间来退后一步思考，正确地看待之前往往过于奢华的婚礼庆典，但事实上，现在这一趋势又回来了，不仅是对新人，而且对所有人都是天价标签。

即使在婚礼上做伴娘或伴郎也要承担很高的费用。HerMoney的创始人简·查茨基观察了她团队中参加朋友婚礼的年轻女性。她的女儿告诉她，送礼也变得更贵了，就连新娘和新郎都要为婚礼买非常昂贵的礼物。"我在想，这些钱都是从哪里来的？这太疯狂了。也许部分原因是参加婚礼的人不得不花这么多钱。我认为，在某种程度上，你必须对朋友的财务设定财务边界。"

查茨基建议父母告诉孩子要与朋友之间划定财务界限。"当你对这些事情说'是'的时候，说'我会很高兴地参加你的婚礼。我完全有能力坐飞机去参加婚礼，但我不能同时参加婚礼和单身派对'。"

何时并如何介入

一旦年轻人花的是他们自己的钱，而不是我们的钱，我们帮孩子们避免做出错误消费决定的能力就有限了。我们还必须接受，他们也可能有不同的优先事项。有时，我们认为孩子们在犯错误，但这可能正是他们为了现在想要的目标过得最好的生活。重要的是父母要保留判断，给孩子自己做决定的空间。

"我的第一个10万美元"播客的主持人托里·邓拉普警告父母们："我们不会听父母的说教与唠叨，否则我们会立即走开，我们会说，好吧，你们对我们和我们的生活一无所知。"她说，要避免告诉孩子他们做错了什么或者与你的价值观不一致，避免指责或发生冲突。相反，她建议与他们进行对话，并采取如下方法：

"我注意到你在酒吧之类的地方花了很多钱。但我也知道旅行对你来说很重要。而且，我在自己的生活中意识到，我真的很喜欢把钱花在我喜欢的东西上。但如果我把钱花在这里，那就意味着我不能把钱花在其他地方。"

邓拉普说，只需要随意地像讨论食物一样表达观点——即使你不同意孩子的优先事项，也不要强迫孩子。她还提醒家长，他们的行动胜于一切言语。"我见过很多客户，他们的父母会告诉孩子们不要在信用卡上过度消费，然后就会监督他们。但孩子们却看着父母在信用卡上过度消费。"

回顾

1. 在消费诱惑方面，社交媒体加大了"赌注"。

2. 由新的同辈压力驱动的消费预期与婚礼等代表着成人里程碑的事情相关。

3. 年轻人想要获得成功，并用金钱来展示他们作为成年人的新身份。

4. 考虑到他们在事业和生活中所处的位置，我们的许多孩子向往的生活方式是不现实的。

5. 当你和你的年轻人谈论他们的金钱选择时，要深思熟虑，并拿出支持的态度。

第三部分

研究生学业

第8章　放手策略：让你的孩子自己付账

我们从事的是培养成年人的事业。

——罗恩·利伯，《纽约时报》"你的金钱"专栏作家，

《你要为大学付出的代价》作者

从表面上看，这个概念似乎很简单：一旦你的孩子有了收入，他们就应该尽可能多地支付自己的账单。理论上，我们可以一口气说出他们在得到第一份工作时应该支付的所有账单：话费、油费（如果他们有车的话）、乘坐其他交通工具产生的车费、与朋友外出的花费等。

但对于"直升机父母"这一代来说，现实情况可能更复杂。如果你因为自己的财务状况无法再给孩子提供经济帮助时，你必须决定是否告知孩子，以及让他们知道你其实别无选择。许多父母都想成为孩子安全感和力量的来源。作为家长，我们不希望孩子觉得我们在生活的各个方面都是脆弱的——包括经济上的脆弱。如果父母确实有钱支付这些账单，情况就会变得复杂起来。比如，父母并没有说付不起账单，他们只是说他们不会帮忙支付。如果父母没有很好地表达且孩子没有很好地接受，可能会引起孩子对父母的怨恨。

这就是心态可以发挥作用的地方。作为父母，我们可以从新的角度去思考，比如思考什么可以是给孩子的礼物，而什么不是。从表面上看，给孩子送东西意味着他们是被照顾的一方。但我们不应忽视他们对照顾自己能力的信心。

育儿导师、《个人进化》的作者艾莉森·特里斯特在书中分享了她的客户的经历，这位客户希望她的女儿赚钱并为其口中的"我的第一辆破车"付钱。她提醒我们，父母经常"通过让孩子过得更轻松这个目标来获得动力和贡献感，但并没有教给他们真正需要的技能。"

想象一下，如果你送给孩子一辆为他们精心挑选的新车，他们的脸上露出笑容的样子。不管他们有多感激，不管这件礼物有多好，那些东西永远是你给他们的。但孩子们在未来会离开你独立生活！他们将如何照顾和维护这辆车？他们会投入多少精力和金钱在这辆车上？

再想象一下，孩子们自己工作并存钱买车，然后让你帮他们一起选车。你看着他们骄傲地告诉汽车经销商，是他们付钱，而不是你。你倾听并帮助他们提问和做研究。在这种情况下，他们是否会更密切地关注贷款或租赁条款？他们会对自己的选择更加谨慎吗？他们买下的汽车是否反映了他们实际的经济状况，而不是你的？

实现第二种情况比单纯给他们一辆车要困难得多，即使是只送一辆旧车。但我们也知道，如果他们坐在司机的位置上，他们会得到更多的快乐。这难道不是孩子最值得炫耀的东西吗？既然我们生活在现实世界，就总会有一个折中办法，而不必是全有或全无。如果你确实有办法能帮助他们实现目标，这可能会激励你的孩子。但我向你保证，确保他们参与到游戏中来将是给你孩子的一份礼物。

记住，一个成功的放手策略必须包括：我们作为家长要退后一步，让他们感受到薪水的压力。在许多情况下，直到他们开始赚钱，他们才会清楚地了解自己的经济能力是多么有限。我们的孩子不仅需要被告知他们的钱能花多久，他们还需要去感受和体验才能真正理解这些。这让人难以面对现实，同样也让家长难以抗拒帮助孩子以缓冲冲击。

对孩子的爱和同理心可以发挥重要的作用。当我的继女22岁时，她得到了她的第一份全职工作，并获得了她的第一份高薪。这令她感到非常兴奋，直到她打开工资单。然后，屋里传来一声震耳欲聋的尖叫。她发现她的工资已经扣除了很大一部分税款，尽管早就知道这一点，她也提前计算了数额，但工资中剩下的钱比她预期的还要少得多。这些数字一下把她拉回了现实世界。突然间，她明白了在纽约生活需要付出多大的代价，要缴纳联邦、州和市的所得税。她也很快熟悉了工资税。在她工作的第一年里，她了解到了401（k）退休金计划的扣除额、她的医疗保险计划保费以及她的新健康储蓄账户的缴款。

我们很多做父母的总会忍不住想对孩子讽刺地说一句"我早就跟你说过这些了"，因为我们的孩子可能总是听到我们抱怨医疗保健计划的费用越来越高，而覆盖的范围却越来越少，以及所有其他的东西都在我们实际拿到手之前就从工资中扣除了。我们真心想给孩子们一个拥抱，因为我们理解他们的生存压力有多大。有时我们想直接写张支票为孩子减轻生活压力，试图"把失去的工资还给他们"并给他们现金以弥补被如此不公正地拿走的一切。这是很诱人的。如果你认为这是牵强附会，那你可能会感到惊讶。我们将竭尽全力阻止成人世界的残酷现实伤害我们的后代。

然而，罗恩·利伯提醒我们，"我们的教育是要让孩子们长大成独立、成熟的大人们。"他说，我们需要告诉孩子，我们希望他们拥有他们需要的东西，但不要太多，以至于他们不必做出很多真正艰难的选择和权衡。因为，利伯说，"这就是成年人要做的事情"。

这并不意味着事情会变得轻松。我们需要思考这些事：如果你知道你的孩子推迟了手术，因为它有很高的免赔额，并且正在为你认为重要的目标存钱，你会如何处理？你愿意介入并主动为你的孩子支付医疗费用吗？这样他们就能坚持你希望他们达到的目标。当我写这篇文章的时候，我仿佛看到了自己的经历。当我已经成年的女儿有潜在的严重危害到她健康的问题时，我们花钱向专家咨询了第二意见。我们不会让一堂财务课影响到她的健康。但我们也不再负担她的日常开支。父母可以退后一步，让我们的孩子像成年人一样承担责任，从而增加自己的经济实力，然后在金钱真正可以解决重要问题时拥有可用的资源。

我提到这一点是为了说明，这些选择中有许多并不淘气的孩子要求父母在他们25岁时为他们买最新的苹果手机。许多年轻人都有高免赔额的健康计划，而且确实推迟了医疗预约。他们可能会推迟修车日程，然后车坏了，他们就没钱修车了。没有车，他们就不能去上班。你可以写张支票来弥补。你会吗？你将如何避免这成为一种模式？

生活中会出现真实而复杂的财务困境。你要决定如何解决它们，这不仅取决于你的经济能力能否在短期内帮助孩子，还取决于这种帮助的长期影响。我们必须避免对孩子进行长期帮助，否则孩子们可能会过度依赖我们从而失去独立能力。

整合信息

家长们也会发出令孩子们感到迷惑的信号。我知道我就是一直都这样。我曾经责怪我的继女把钱花在出租车上，因为每一笔费用都在影响她为买房攒首付的长期目标。几分钟后，我建议她考虑夏天在汉普顿合租一套房子。当然，价格不菲。我是个彻头彻尾的伪君子，她很快就把这点指出来了。

多年来，当我们反思时，我很幸运地意识到了我经济稳定的父母会为我提供支持。但不知为什么，我的父母能够在我真的遇到经济紧急的情况下提供帮助，同时又确保我永远处于不需要他们紧急支持的时候。

这才是我们作为父母应该努力做到的。

对我们大多数人来说，是很难找到这种平衡的。例如，我们告诉孩子要尽可能多地存钱，在他们承担作为成年人的其他责任之前（如抚养孩子）把这些收入存入罗斯个人退休账户。我们希望他们用尽可能多的钱以最快的速度获得复利。我们还希望他们能够获得工作上的回报，并为拥有自己的零花钱而感到兴奋。所以我们想让他们冷静地用赚来的钱找点乐子。他们一生中可能只有一次处于这种令人惊叹的半无忧无虑的时刻。他们已经到了可以干大事的年龄，也有了一些经济来源，但在大多数情况下，他们并没有被一些现实的事情所拖累，比如抚养他们自己的孩子等高成本的花销。

补贴还是不补贴？

我们希望教育我们的孩子不要超出他们的经济承受能力，并持续走在实现财务目标的轨道上。但是，如果他们与朋友要参加旅行婚礼、周末水疗、音乐会、体育赛事或是庆祝一个盛大的生日，而这些费用超出了他们的承受能力，他们该怎么办？这些都是具有里程碑意义的人生经历，你不希望他们错过这些美好时光。大学毕业后，当同事们出去喝昂贵的饮料时，该怎么办？这不仅是乐趣，更是人际关系。如果他们不去了解同事，他们可能会错过重要的职业关系，而这些关系可能会给他们带来重要的机会。这是他们对未来的投资。

让我们面对现实吧。很少有父母会告诉他们的孩子不要把钱花在这些事情上。如果坦诚一点的话，一些父母甚至会出钱补贴他们。这没什么，只要不是永远给孩子补贴，让孩子视其为理所当然。双方必须明白，这种帮助是暂时的，会在具体的某一天结束。

实际上，我们的孩子可能不会在他们足够大的时候——在高中甚至更早——就急于去找他们的第一份工作，除非他们希望随心所欲地花掉至少一部分钱。他们想要财务自由。对于大多数孩子来说，他们会想要花掉这些钱。还有什么比像老板一样走进一家商店，然后拿着用自己的钱买的东西走出来更让人感觉成熟的呢？

这就是有趣之处。你可能不想让他们自己付账单。这其实是有一定道理的，尤其当你认同家庭生态系统的概念时，你可以继续帮孩子们补贴一些账单，这样他们就可以把资源分配到为成人经济独立奠定基础的目标上。例如，你可能更希望他们把自己的收入存入罗斯个人退休账户，就像我希望我十几岁的孩子那样做。也许，你想让他们建立一个应急储蓄基金，这样他们毕业后就可以独立生活了？或者只是让他们自己做选择，并把发生的一切作为教他们理财的基础？有时候让他们犯错是件好事。他们可能会给你带来惊喜，做出一些很明智的选择——即使是在做出一些非常糟糕的选择之后。当我们给孩子们一点思考的空间时，他们往往比我们想象得更聪明。

另一个需要考虑的问题是：并非所有的账单都是平分的。你可能希望他们在16岁时用自己的钱和朋友一起参加活动，但仍然要自己支付电话费，特别是如果他们在家庭计划中，而且在话费比较少的情况下。你真的想让你的孩子在他们上高中的时候就偿还你的医疗保险，即使他们有收入吗？这一切由你来决定。

对于青少年来说，目标通常是让他们支付足够的钱来欣赏和学习事物的相对成本。以手机为例，也许他们可以为额外数据带宽付费，这样他们就可以在油管上观看大量视频。或者他们的手机在你看来还不错，但他们所有的朋友都有最新的型号，他们想要升级设备，你仍然可以按照之前的计划为他们提供经济支持。但一旦他们毕业并找到了一份全职工作，调整这些计划规则可能就有意义了。在这一点上，我们的目标是尽可能多地减轻负担，而不是因小失大。

金融心理学家和财务规划师布拉德·克朗茨说："除了为看网飞视频付钱外，他们在生活的其他方面都表现得像负责任的成年人吗？那我就不会这么担心了。然而，他们是否有一种不那么负责任、不那么主动的模式，因为在他们的内心深处，对金钱的潜意识是他们永远会有足够的钱？"考虑用三种不同的心态看待开支：

处于家庭生态系统中。运用成年人拥有的财务常识和自尊心去完全自己承担开支，为了仅仅证明"我足够独立"这个观点，而产生额外的成本是完全没有必要的。

孩子们在财务上应独立决策的事。这些都是与金钱相关的里程碑，他们需要作为成年人主动承担费用。

它具有复杂性。有些时候，父母可以更容易地在经济上进行成熟的决策，帮助孩子制订理财计划，但这会产生不同的好处和后果。但因为孩子在必要的情况下可能需要自己进行财务决策，所以这并不总是最好的方式。决策往往取决于孩子和父母的个性以及每个人之间的关系。

以下是一些你的孩子可以承担一些开支的例子，以及如何应用不同的心态。

1. 信用卡

处于家庭生态系统中。一些高级卡可以为整个家庭提供福利，且只需要很少的费用或无额外费用。例如，美国运通白金卡最多允许三位授权用户使用，需额外支付175美元。如果你已经为一个或两个用户支付了这笔费用，那么把你已经成年的孩子作为第三个授权用户，可以让他们获得经济福利，比如免费的机场休息室，这可以在旅行时节省购买食物和饮料的钱。

孩子们在财务上应独立决策的事。如果他们还没有自己的信用卡，现在就应该办一张。获得一张免费信用卡，每月还清，这不仅可以教会他们管理现金流，还可以帮助他们建立一个信用记录，使他们能够获得其他成人特权，如抵押贷款或汽车贷款。他们还应该考虑注册奖金，选择在他们经常使用的地方有奖励和奖金的卡。

它具有复杂性。如果他们还没有自己的信用卡，你可能需要帮助他们。其中一种选择方式是共同签署。问题是这会让父母在经济上变得脆弱。如果孩子们不还债，你就要为他们的债务负责。它还会对你自己的信用评分产生负面影响。另一种选择方式是担保信用卡。它是由现金存款支持的，通常等于信用限额。这也比预付借记卡更有利于建立信用。

还有一件事：让他们作为授权用户使用信用卡并不意味着他们必须真正使用信用卡，所以你可以为他们的使用设置一个低限额，只在紧急情况下使用。一定要定期检查你的账单，并确保他们把他们使用的任何费用都还给你。请信任你的孩子们，但要核实他们的真实状况。

2. 自由支配、娱乐、外出就餐

处于家庭生态系统中。如果你在一个家庭聚会上，事实上，如果成本是负担得起的，那么让父母付钱是更合适的做法。特别是如果有弟弟妹妹在场，挑出一个年龄较大的孩子，让他承担大家的账单可能有点太过头了。

孩子们在财务上应独立决策的事。任何时候他们花钱都是为了他们自己。他们可能会和朋友出去玩、买食物，还有购物。你可以选择在他们上班的第一天给他们买一套衣服，但总的来说，花在衣服上的钱应该由他们自己来出。

它具有复杂性。如果一个孩子住在家里，可以将食物的享用权进行划分，让一个成年的孩子自己支付自己消耗的部分，这有时会很复杂。你真的想开始标记这是谁的食物吗，尤其是当周围有其他兄弟姐妹的时候？你们是家人，不是室友。但有一个例外：如果他们自己订餐，费用应由他们自己承担。点播电影也是如此。

还有一件事：对于网飞和Hulu这样的内容订阅，如果你购买了家庭计划，那么事实是即使你的孩子不住在家里，他们也可以免费登录。所以一般来说，取消他们的订阅是没有意义的。这是常识。

3. 医疗保险

近年来最好的消息是：孩子可以享受父母的保险直到26岁。

处于家庭生态系统中。如果父母的计划是以一种不会因多添一个孩子而增加额外费用的方式定价的，那么无论他们的工作是否有保险，孩子都应该等到26岁再退出，除非他们的雇主支付所有费用，而且该计划更为优越。如果保险费真的不会让你花费更多，那就没有真正的要转嫁成本的必要。警告：确保覆盖范围是相同的。有些计划为受保人子女提供的覆盖范围比主要被保险人要小。

孩子们在财务上应独立决策的事。成年子女应支付共付额中他们自己的部分和其他未被覆盖的费用。他们应该负责自己填写表格，跟踪自己的余额和免赔额，这样他们就能了解医疗保险是如何运作的。账单应该寄给他们，即使他们还住在家里。

它具有复杂性。如果父母的计划是按受抚养人定价的，它可能比雇主提供的计划贵，也可能不会。此外，雇主的选择可能更适合孩子。例如，你的孩子可以享受公司提供的高免赔额健康计划。根据员工福利研究所的数据，2020年公司对个人员工健康储蓄账户的平均缴款为864.1美元。如果孩子很健康，而且预计只会使用健康访问，那么这笔免费的钱可能值得考虑。另外需要提醒的是，无论是在缴款时，还是从计划中取出缴款时，如果按预期使用，储蓄账户都是免税的。这使它成为最好的省钱工具之一。

同样关键的是：虽然成年子女可以享受医疗保险直到26岁，但牙科或眼科这类保险通常在孩子们23岁后就无法再享受了。如果你的孩子还在享受你的保险，一定要再检查一下，这样你就不会措手不及。

还有一件事：时机也很重要。如果工作在计划周期的年末开始，孩子在父母计划中的免赔额可能已经达到了，将转换推迟到下一个开放注册期可能是有意义的。我们家就这么做。一旦他们为自己的医疗保健付费，孩子们很快就会知道，他们有很强的经济动机去看指定范围内的医生，并寻找降低成本的方法。我们在自己的家庭中目睹了这一点。例如，许多处方药公司现在为他们的医生范围提供处方优惠券。你只需要看看，一个以前可能不会费心的孩子，一旦他们为自己的医疗保健付费，就会很快变得非常成熟。

4. 手机套餐

处于家庭生态系统中。每个计划都是不一样的，但在大多数情况下，个人计划的成本将高于让一个有工作的成年子女参加家庭计划的增量成本。父母也可能加入了遗产计划，并被纳入无限计划。如果你计算一下，与该运营商的全新个人计划进行比较，这是一个很容易作出的决定。已经工作的成年子女仍然可以为家庭计划贡献他们的份额。当他们意识到他们必须支付额外的费用时，他们可能会有不同的看法，并选择降低他们的数据计划和其他功能。让他们设置自动转账，这样你就不用每个月都向他们要钱了。

孩子们在财务上应独立决策的事。如果你的孩子有一份由雇主支付部分或全部手机套餐费用的工作，他们很可能必须与家庭计划分开才能获得这种福利。此外，孩子还可能享受公司费率，这可能比继续参加你的家庭计划更好。

它具有复杂性。四处打听一下是有好处的，因为如果你换了运营商，开设一个新计划，即使是个人计划，往往会有开通福利，而且计算方法可能会改变。如果继续参加家庭计划的成本较低，年轻人应该至少贡献一部分自己的份额，以便他们习惯成本，并将其纳入预算。

5. 汽车和交通相关成本

处于家庭生态系统中。如果一个孩子住在家里，开父母的车，让他们继续参加保险计划可能会更便宜，但孩子仍然应该支付他们那部分保费。如果他们需要提出索赔，孩子也应该支付免赔额和其他账单。是的，汽油、停车费、他们可能得到的任何罚单或其他使用汽车的费用也是如此。

孩子们在财务上应独立决策的事。如果汽车是在孩子的名下，他们很可能需要自己购买保险。此外，美国各州的汽车保险费差异很大。孩子可能会搬到保险费率较低的州。

它具有复杂性。年轻人被视为具有更大的风险性，因此要比老年人支付更多的保险费，让他们参加家庭计划比其他分担的家庭成本要昂贵得多。通过取消他们的这些保险，父母的保费通常会大幅下降——此外，伞式保险等附加保护的保费也会大幅下降。这可能归结于你自己的财务需求，需要自行计算。

还有一件事：确保你的孩子有资格继续享受你的保险。如果保险要求他们是受抚养人，确认他们符合要求，否则在你需要提出索赔的时候，你可能会发现他们不包括在你保险的范围内。

让所有人都参与进来

对于所有这些，最重要的事情是确保所有信息都要以爱而坚定的方式传达给你的孩子。为避免误解，你甚至可能想把它们写下来，以免看到信用卡上的意外收费。如果你结婚了，或者有一个共同抚养孩子的伴侣，确保你们已就财务方面达成一致，这样你们就不会发出混淆的信息让对方误会。

当你心存疑虑，想要拯救他们时，请牢记艾莉森的至理名言："你正在夺走他们成长的机会。他们需要自己飞翔。因为你很自私，表面上你在给予，但你实际上是在剪断他们的翅膀。"

回顾

1. 成年子女一旦有了全职工作，就应该支付日常生活的个人账单。

2. 父母可以选择性支付孩子的账单，如吃饭、家庭旅行和使用网飞之类的订阅服务，只要这些都在父母自己的预算范围之内。

3. 不要为了证明观点而产生新的花销。如果合并账单对整个家庭来说成本更低，比如手机话费或汽车保险，那就这样做。年轻的成年子女可以支付他们的份额。

4. 确保孩子们知道，虽然他们的医疗保险可以保留到26岁，但牙科和眼科的保险通常在他们23岁或更早就终止了。如果他们的工作单位有成本相同或更便宜的保险，他们就应该换到那个保险。

5. 要有策略，时刻掌握信用卡的动向。即使你的孩子不用信用卡消费，也要确保他们有自己的信用卡，以提高他们的信用评分，但要让他们使用有像机场休息室那样现金储蓄福利的高级信用卡。

第9章　工资单

有一次，我和儿子发短信。

他问我："嘿，妈妈，你知道什么事情最棒吗？"

我问："是什么？"

他说："是得到报酬。"

接着他又问："那你知道什么事情最糟糕吗？"

我问："是什么？"

他说："是被收税。"

然后他给我发了一张相关照片！

——简·查茨基，HerMoney.com创始人兼首席执行官、

HerMoney播客的主持人

他们取得了报酬！帮助你的孩子了解他们的第一份薪水

早些年，我们看到了女儿成年后拿到第一份薪水时发自内心的反应。第一次拿到工资固然令人兴奋，但对于我们的孩子来说，学习收入如何在成人世界中发挥作用，往往也是一个严峻的现实考验。现实往往是到手的净收入远低于他们期望的金额，这给她上了很好的一课，就是我们的收入中的不菲的部分不是我们自己能控制的。作为美国公民，我们必须纳税。我们有时可以有机会少缴点税，但绝大部分人实际缴的税比他们愿意缴的税要多。孩子们领取他们的第一份薪水提供了一个你与其交流的机会，如果他们的公司提供退休计划、福利保障以及税务筹划方案，那么作为父母的你可以谈一谈如何帮助他们找到最佳的税收计划方案。

在给了他们一些情感上的安慰，并且对他们的想法表示赞成——没错，在考虑到所有花销后，工资只剩下一点点是完全不公平的——之后，关键的是，作为父母，我们必须逐项检查，帮助他们了解自己的收入去了哪里。当你检查时，你可以再次确认他们是否把钱拿出来买了他们应该买的，这包括401（k）养老金、伤残保险、通勤福利（如果有的话），当然还有适当的预扣税。

如果你已经有了几十年的收入，现在可以跳到下一章了。但对于我们中的一些人，包括我自己，有时也需要复习。以下是一些你的孩子会在工资单上看到的常见条目，我们将在下一章更详细地介绍福利是如何发挥作用的。

1. 员工信息

顶部通常包括他们的姓名、社会保险号、员工ID、地址、支票号码和其他身份信息。确保你的孩子从一开始就核查这些信息是否准确。类似社保号码有拼写错误这样的问题，在未来可能会引起很多麻烦。

2. 支付周期

这似乎不那么重要，但却可以让我们知道孩子的工资是否按时发放。

例如，有些公司每月发放两次薪水，相当于每年发放24次薪水。有些是每两周发一次，因此每张工资单的金额会低一些。他们还应关注支付日期。有些公司会提前给员工发工资，有的则是拖后发。虽然这不是你的孩子可以控制的，但这是他们应该意识到并理解的。

3. 工作时长

即使孩子的薪水不是按小时计算，很多公司也会在他们的工资单上注明"工作小时数"。在这种情况下，"工作小时数"在工资单上是个固定数字。值得注意的是，出于会计目的，公司会将他们的报酬分解为时薪，而这可能会使一个拿着固定工资的新员工感到困惑。以我在一份报告工作中的经历，当我去人力资源部确认自己的薪酬区间是否正确，以及我的职级是否准确时，发现有时会出现错误。如果你有任何顾虑，就让你的孩子去查看系统里的信息是否正确。

4. 加班时长

如果你的孩子获得了加班费，公司会单列出来。如果加班费有不同分类，比如标准加班工资和假期加班工资，公司通常也会分类列出。要告诉他们，当加班时长突然增加时，他们的预扣税可能会变，但这点可以在报税时进行调整。

5. 奖金

奖金可能有不同类别，如即时奖金或年终奖等。要让你的孩子知道，同加班费一样，奖金可能会有较高的预扣税率，但在报税时可以调整。

6. 假期或带薪休假（PTO）薪酬

许多公司会单列此项出来。即便你的孩子休完了他们的假期，这也是单独计算的。从这点可以看出他们的时间到底值多少钱。如果他们有未休完的假期，在孩子离开公司时可以将其兑换成钱拿走。

注：其他类别的缺勤，例如探亲假、病假或丧假，有的公司也会列出。

7. 报销

这对你的孩子来说很重要，因为他们可能有自掏腰包的开支需要他们的雇主给报销，尤其是出差费用。工资单上一般会列出报销费用。确保他们知道如何报销和跟进，以便及时收到报销费用。

8. 工资总额

这是在没有任何扣减之前所获的薪金。

9. 年初至今毛工资

这是今年迄今得到的薪金加总。

10. 净薪金

我们也习惯称之为实得工资。它是在扣除税和选择性预扣等所有扣除项目后剩余的金额。这个数字通常就会引发我们之前提到的那种"惊呼"。

11. 税前扣除项目

这些项目将降低你孩子的账单数额——虽然在一些情况下（比如在退休账户中）不需要马上缴税。

（1）医疗保险

你的孩子要为他们的医疗保险支付保费。多数情况下，雇主也会为孩子们负担相当大一部分保费。如果他们没有其他保险，就有必要让他们详细了解保险计划，并在每年的公开注册期确认其注册。

（2）牙科保险

并非所有公司提供牙科保险，但如果有此项，可以在税前支付。

（3）眼科保险

也并非所有公司提供眼科保险，但如果有此项，可以在税前进行列支。眼科保险通常在大型零售商提供眼镜和隐形眼镜的折扣，但现在一些保险项目也提供近视激光手术等折扣。

（4）税前退休计划〔如401（k）〕

在这里他们可以看到自己的供款。在不同部分会列出有匹配计划的公司的供款。通常，公司会对401（k）匹配计划设置时限，如果你的孩子在时限前离职，就等于放弃了这笔钱。

（5）团体人寿保险

一些公司提供的人寿保险可以在税前列支，但这里的税法比较复杂。一般来说，如果人寿保险价格免费或费用非常低廉，是值得投保的，但可能覆盖项目不够全面。

注意：你的孩子可以用雇主提供的免税资金为自己或家属购买额外的人寿保险和伤残保险。

（6）意外死亡和伤残保险（AD&D保险）

雇主有时也提供这种保险，它可以用税前收入支付。即使AD&D保险听起来很可怕，但它本质上涵盖了意外事故。这既可能包括致命疾病，也可能包括瘫痪、失语、失聪、失明或残疾等。这与工伤保险不同，后者只涵盖与工作有关的事故。如果公司一次性支付AD&D保险，可以免税。

（7）健康储蓄账户（HSA）

如果你的孩子想有高免赔额的医疗保险，可以选择HSA。所有存入这个账户的钱，包括公司为他们存的部分，即使他们离职了，也归他们所有。它不同于"过期作废"的灵活支出账户（之后马上会讲到！）。

HSA中的钱既可以随时用于医疗费用，也可以把它当作一个实质退休计划，里面的钱只用于储蓄或投资。在HSA中的钱积累的过程中，年轻人要始终对其了如指掌，并定期决定是否将一部分钱用于投资，这一点很重要。

（8）灵活支出账户（FSA）

如果您的孩子没有参加高免赔额的健康计划，则可选此项。而无论账户里存入多少钱，都必须在从1月1日开始到12月31日为止的一年内花掉。

最近，一些公司延长了最后期限。但一旦过了期限，这笔钱将被没收。在公开注册过程中，你的孩子将决定他们在接下来的12个月中的存入金额。如果你的孩子离职，所有未用的资金会返还给公司。

（9）通勤福利

一些公司为员工提供通勤福利，这种福利可以用税前工资支付。虽然各州有不同规定，但在多数情况下，这笔钱可以用于缴纳公共交通费或停车费。如果你孩子的公司不提供这种惠及员工服务，他们可以向人力资源部提出建议，把它作为一种吸引和留住员工的高性价比方法。

（10）联邦税

孩子的雇主每次给孩子发工资时，都会拿出一笔预算资金，用于支付联邦税。虽然这一做法的目的是让你的孩子不欠税，但预算资金金额只是一个预估，雇主可能会少交，也可能会多交然后被退回。

（11）FICA税

FICA是联邦保险缴款法的缩写。钱由公司预扣，用于支付社会保险。该项目的主要目的是为退休人员和残疾人提供政府福利。

有一种方法可以缓解他们的情绪：让你的孩子知道，公司实际上是和他们平分账单的。你的孩子和他们的公司都要缴纳6.2%的社会保险，但自2021年起，他们只需为前142800美元缴纳保费。你孩子的工资单上会列出他们交了多少。如果你的孩子是自营职业者，从事零工经济或者拥有自己的企业，那他们两份费用都要缴纳。

（12）FICA医疗保险税

当你孩子的收入达到一定的门槛后，就要额外缴纳1.45%的医疗保险税，或者更高。

（13）州税

这取决于你住在哪，因为不是所有的州都有所得税。

（14）地税

有些地方的员工需要缴纳地税，比如在我的城市纽约。

12. 税后扣除项目

（1）税后退休计划［如罗斯401（k）］

如果你的孩子处在一个低税收档，为退休储蓄税后资金可能是有意义的，因为现在的税收可能比他们退休时要低。

（2）保险

有些公司会提供保险作为税后福利，如为你的孩子及他们的配偶和家属提供伤残保险。

（3）529教育储蓄计划

这个计划是为教育进行定期存款。它可以免税投资和增值，甚至可以免税用于教育支出。

（4）工会会费

如果你的孩子参加工会，会费是不能抵扣税款的，除非他们是自营职业者。在这种情况下，这将是一笔费用支出。

如果你的孩子是自由职业者

好消息是，现在自营职业者有很多资源，一些公司正在为他们设计类似薪酬的制度。虽然他们不会得到公司补贴的雇员福利，自主创业将给你的孩子带来其他众多福利，如与业务有关的扣减。

注意：这一规定也适用于兼职产生的应税收入。

他们要注意的关键事项包括：

1. 税收

他们必须按季度纳税。可以在美国国税局网站上获得更多关于自营职业税的信息，网址是https://www.irs.gov/businesses/small-businesses-self-employed/self-employed-individuals-tax-center。

2. 退休计划

虽然他们无法从雇主那里获得相应的资金，但自由职业者往往可以为退休存更多钱，并享受其他福利。

3. 与业务有关的扣减

这取决于他们的业务类型。重要的是记录花费，考虑疫情下家庭办公室的开支增长情况。举例来说，如果你为一家公司工作，作为一名员工来说这些费用对你并不能减免税收。但如果你是自营职业者，多数情况下，家庭办公室的费用是可以减税的。

回顾

1. 第一份薪水既值得庆贺，也需要仔细察看。

2. 年轻人需要仔细核实第一份薪水的内容，保证每一项都是正确的，并做出符合他们期望的调整。

3. 了解他们的收入流向和征税方式，将有助于他们在整个职业生涯过程中做出清晰的决定。

4. 自主创业的年轻人也需要全年关注他们的收入，并为税收、退休和可能的减税做计划。

第10章　有福利的工作

我们总是历尽艰难地去寻找答案，低估了手把手指导他们的必要性。

——帕姆·卡帕拉德，CFP、AFP的创始人，Brunch & Budget首席执行官在第一份全职工作中作出正确的选择，是实现财富积累成功的第一步——也可以说是打造未来财富基础的奠基石。

通过鼓励孩子参与一些早期决定，父母可以对孩子未来的财务成功产生重大影响，这包括要让他们明确各项公司应有的福利，甚至在找工作时，他们也可以将这些福利作为谈判筹码。

财务规划师、专业人士帕姆·卡帕拉德表示，家长们总是认为他们的子女最好参加公司的定向培训或者在公司网站上阅读有关新人力资源部分的内容，因为大部分时候孩子是这么告诉他们的。但是最好现在确保而不是多年以后遗憾他们错失了一些巨大的经济利益。正因为"我们总是历尽艰难地去寻找答案，所以低估了手把手指导他们的必要性。所以我们想当然地以为：哦，让他们投资一个401（k），剩下的他们自己就知道了。这是不对的。"

时机对福利来说至关重要，如果他们是一家公司的全职员工，通常有两种选择：一种是有一年限制的工作，另一种是随时可以跳槽的工作。如果他们是自营职业者，他们就能够自谋福利，但DIY方法比较复杂，往往要考虑额外的成本。我们将在这一章的后面谈到这一点。

医疗保险

在你的孩子接受一份全职工作之前，他们应该确认公司是否提供医疗保险。如果不能，他们在讨论薪酬时就需要把这个因素考虑到成本当中。我们将在DIY福利计划部分介绍更多相关内容。如果公司提供了医疗保险，那么你最好花点时间来确保你的孩子及时了解他们什么时候可以注册。医疗保险通常只在某些时间段提供。在几乎任何情况下，如果你的成年子女是通过他们的工作获得医疗保险，这将比他们在医疗保险市场（healthcare.gov）上得到的更好。

有些雇主可能会要求你的孩子在公司待上几个月，然后他们才有资格签署保险计划。有些公司可能要求新员工在开始工作后的某个时间段内注册。如果他们没有在这段时间内注册，你的孩子可能在年度开放注册期之前无法再注册——因此，让您的孩子了解规则并在需要时购买保险是非常重要的。如果他们错过了这一窗口期，但符合某些条件的话，则能够注册，如家庭状况发生变化，或者因某种原因他们的生活环境发生了变化。好消息是，到了26岁，如果父母的养老金计划的范围没有覆盖孩子，也可以算作符合条件。如果你的家庭保险的开放注册期与孩子的保险不同，这一点就显得尤为有价值。

对父母来说，做这个决定时要慎重，而不要放手任由孩子去做，这一点非常重要。如今，保险公司允许26岁以下的子女参加父母的保险，许多雇主也鼓励较年轻的雇员继续参加父母的保险。当我们的女儿找到第一份工作时，她所在公司的人力资源部"假定"她会沿用我们的保险。而她告诉我们，实际上，这就是公司在入职培训会议上对新员工的期望。公司这样做可以节省资金，否则还需要为员工提供医疗保险补贴。因此，你要确保这不仅对孩子的新公司是最佳决策，也对你的家庭是最佳决策。当我们为家庭进行财务计划时，发现沿用我们保险对我们的女儿来说更昂贵。她签署了自己的保险计划，该计划有大量激励措施，这有助于她开始退休储蓄和投资。

如果你的孩子仍在你的保险计划内，他们仍然可以向你偿还部分保险费，以及与他们健康相关的任何共付部分或额外费用。如果你的子女不在你身边，却在你的健康计划中，确保保险覆盖范围内的医生在他们附近，要不然你还要计算每次带他们回家看医生的旅行费用。此外，如果他们遇到紧急情况，他们（如果你在帮助他们的话）的自付费用可能会高得多。

1. 要了解的术语

医疗行话可能会很复杂。当你帮助孩子自己选择保险计划时，重要的是要了解每个计划间的细微差别，并评估如果发生不测，他们需要关心这些花费与他们的支付能力之间的关系。下面列出了帮助你入门的术语：

● 保险费：孩子的工资中自动免税扣除的金额。这可能是全部费用，但在通常情况下，雇主至少会为员工支付部分或全部保险费。

● 定额手续费：孩子每次就医、去急诊室就诊或开具处方时要支付的固定金额。

- 免赔额：在医疗保险生效前，孩子必须花费的金额（总金额）。假设他们的免赔额是500美元。也就是说，他们必须为所获得的医疗服务支付至少500美元，然后保险才开始覆盖医疗服务，覆盖比例通常基于共同保险费率。

- 共同保险：你的孩子需要按比例支付免赔额之外的部分。例如，一个5500美元的常规手术，免赔额为500美元，共保比例80/20（保险公司支付80%，孩子支付20%），将花费孩子500美元+（5500美元的20% = 1100美元）= 1600美元。

- 每年最高自付额：你的孩子在365天时间范围内会花费的最高金额（通常为1月1日至12月31日，但请确保你的孩子知道他们特定保险的规定是什么）。达到这个数字后，他们的保险将覆盖所有医疗保健费用的100%。注意：这不包括超出保险支付范围外的费用，比如你的孩子接受了未经批准的择期手术或治疗。

2. 储蓄计划

雇主通常会提供两种方式为医疗费用存钱：健康储蓄账户（HSA）和灵活支出账户（FSA）。公司通常会为此付款，作为福利待遇的一部分。

- HSA：有了HSA，孩子的每一份工资都可以（在一定限额内）将一部分免税资金转入账户，既可以无限储蓄，也可以赚取利息，还可以用来支付涵盖极广的医疗保健费用。如果你的孩子很健康，而且花不了那么多钱，那么这笔钱就相当于一个退休红利账户。将来，这笔钱甚至可以免税取出。

HSA是三重免税的，如果其中的资金不用于支付医疗保健，它也是退休储蓄和投资的好选择。如果你离职了，这些钱也属于你。如有需要，这些钱还可以有其他用途，但我不建议这样做，因为会有税收和罚款。另外，把钱取出来也不符合账户设立的初衷。

- FSA：同HSA一样，FSA中的钱来自税前资金，可以用于支付医疗相关费用。不过每年支付多少也是有限制的，这个是不断变化的。你的孩子可以向他们的人力资源部门询问，或者在网站irs.gov上了解更多信息。

两者之间的主要区别在于，FSA中的钱"过期作废"——无论你有没有花，账户在每年年底都清零。如果把钱放在那，你的钱就没了。所以，重要的是要帮助孩子实事求是地估计他们希望从总收入中拿出多少钱在下一年存入FSA。FSA可以节省税收，但不能赚取利息。此外，如果你的孩子在离职之前没有花完这笔钱，它就会归雇主所有。

当你和孩子一起讨论HSA和FSA的区别时，要让他们知道FSA的一个额外好处是与钱什么时候到位有关。公司会在年初把全年的资金——包括雇主计划缴纳的钱，再加上你的孩子指定从他们的工资里扣除的钱——都记入这张卡里。你可以把它视为一笔预付款，如果用完了，就算年底前离职也不必偿还。另外，如果他们的投入超过了支出，一旦离职，他们就失去了他们所投入的钱。

虽然这一点现在可能还不太重要，但如果你没有参加，还是让你的孩子知道另一项可能对未来有益的举措：被扶养人看护灵活支出账户（Dependent Care FSA）。这笔钱可用于支付符合美国国税局规定的儿童保育费用。最新的费用列表可在Irs.gov网站上找到。

3. 健康计划

虽然这个行业与时俱进，但我们接下来要讲的都是一些经典的、有代表性的公司健康计划。

● 高免赔额健康计划（HDHP）：近年来，这些计划越来越受到年轻员工的欢迎，因为它们十分便宜且有很多福利。由于他们有很高的免赔额，所以保费通常比其他计划要低得多，但换句话说，如果你的孩子选择了这个计划，他们就要承担达到免赔额前发生的所有医疗费用。2021年起，个人最低免赔额将提高1400美元，甚至可能更高。

高免赔额计划带来的最大好处是能够选择HSA。很多公司还会发放大量现金奖励，以此鼓励员工参加高免赔额计划。典型计划如向员工的HSA账户缴纳750美元或更多。

这不作为收入被征税——又是一场胜利。如果你离开公司，这些钱也是可以带走的。同样的好处是：如果你是符合条件的自营职业者，可以申请HSA，享受相关税收和投资福利。存储的金额可以全年调整，而不仅在开放注册期内。

卡帕拉德认为，这是一个关于风险承受能力的讨论。高免赔额计划带来的风险是，你的孩子将来可能要从HSA或者其他账户中支付很高的医疗费。认真考虑孩子的个性和可能的医疗需求。如果他们每次去看医生都要自掏腰包，他们会去吗？你会不会自己主动提出付钱请医生，就为了让他们去医院看病？他们所在地区是否有在线问诊，这将为他们提供更低成本的选择？虽然医疗计划可能在经济上有意义，但也必须考虑孩子的生活和个性特点。

以下是作为父母，你可以对孩子说的一些话，让他们思考：

"如果你有一张不得不支付的巨额账单，即使你有专门为它存钱的HSA计划，你会有什么感觉？这会让你有更大压力吗？这会让你更紧张吗？你会回避还是拖延处理，希望情况能有所好转？"

如果孩子对以上问题的回答是肯定的，卡帕拉德建议孩子支付更高的保险费，因为这样孩子自掏腰包承担的财务风险更小。此外，请记住，虽然你的孩子必须按照他们选择的计划生活一年，但这只是一年，他们可以在下一个开放注册期更换计划。

● HMO：这些计划有指定的医生和医院的范围。即使有了HMO，你也必须先看你的主治医生而不能先去看其他医生。如果你想要看其他医生，需要经过主治医生的批准。这就是所谓的预授权，如果你不这样做，就可能需要自己支付所有的费用——任何费用都不给保。好的一面是，因为这类计划有严格的限制，所以它几乎总是最便宜的，而且免赔额低到几乎不存在。

● PPO：这些计划也有一个指定的医生范围，但不必先去看主治医生。另外，如果你愿意，你可以选择范围外的医生。虽然它的费用超过了HMO，但有更高的灵活性。

● 市场计划：如果你的孩子不是全职员工而是自由职业者，或者正在创业，他们可能需要在healthcare.gov网站上看看《平价医疗法案》。虽然很多计划价格高昂，系统也很不完善，但有一份医疗保险总归是好的。前面已经提到过，HSA是一个可选项，它可以减轻一些损失。在特定的注册期内会有许多计划，因为信息是不断更新的，所以最好去网站上获取最新信息。

● 牙科保险：虽然《平价医疗法案》将医疗保险的覆盖范围扩大至26岁以下的孩子，但不包括牙科保险。当然，一些计划可以为年纪较大的人群提供保险，但多数计划都没有。我的家庭计划要求我的成年子女在23岁时退出该计划，因此我们的女儿现在有自己的牙科保险。有关这方面的规定可能会改变，所以知道你的家庭保险内容并作出决定十分重要。

如果你的孩子有一份全职工作，他们可能会得到牙科保险。像医疗保险一样，牙科保险每月会从他们的工资中扣除一定的税前金额。然后你有必要向他们解释，其实牙科保险的自付费用和承保范围与他们的健康计划是相对的。虽然免赔额往往非常小，但牙科保险需要在特定服务范围内才能生效，这取决于服务类型以及牙科是否在指定范围中。通常情况下不存在共付额，只要牙科在该计划的指定范围中，大部分洁牙费用都百分之百覆盖。而对于补牙和镶牙这样的大手术，患者需要支付一定比例的费用。

但问题在于保险计划往往存在年度和终身限额。例如，在一个典型的计划中，每年保险可能在给你的孩子1500美元的补偿后就结束了。牙齿矫正（计划）通常有终身限额和年龄限制的规定。在超出规定后，你要对自己的一切费用负责。这就是为什么HSA或FSA很重要。每个保单都有其独特的规则，所以一定要确保你和孩子阅读了细则。

● 眼科保险：眼科保险的运作方式不同于医疗保险和牙科保险，具有很大差异。一般来说，这些保险侧重于为消费者提供在大型零售商处购买的眼镜和隐形眼镜、抗反射涂层和渐进镜片的升级改造，以及近视激光手术等提供折扣。有些保险计划可能包括验光师检查费用。大多数眼科计划不包括眼科医生的检查，这个通常属于医疗保险的范围，只有在出现医疗问题时才会包括在内。

不同的保险计划可能有很大的差异，所以需要引起重视，你要与孩子仔细阅读保险条例至少一次。其中可能有一些他们没有考虑到的好处，如近视太阳镜等。

• 人寿保险：许多公司会为雇员提供一个额度不菲的人寿保险，这对员工来说是一个零成本的福利。

如果公司提供人寿保险，但要求员工（也就是你的孩子）支付部分或全部保费，这种保险的保费通常也会很小，是值得投保的。然而有一件事需要核查，如果你的孩子离开公司，保险是否仍有效，他们是否还需要购买可能更贵的替代险。在考虑这一点后，公司提供的人寿险仍可能是物有所值的，但这些信息会影响你是否想在公司提供的保险之外再购买额外的独立人寿保险。

• 伤残保险：这个保险的重要性怎么强调都不为过。不妨这样想：在孩子很小的时候，他们可能还没有大量实物资产。在他们20多岁时，最大的资产可能是工作和赚取收入的能力。他们需要用伤残保险来保护自己的能力。

如果你因残疾而无法工作，伤残保险会支付你工资一定比例的钱。许多人认为这仅适用于他们所认为的严重疾病，但类似于腕管综合征、背部受伤或关节炎之类可能会逐渐加重的疾病，也可能导致他们无法工作。

伤残保险有短期保险和长期保险两种类型。短期保险可能需要几周或一个月的时间才能生效，根据计划的不同，最长可持续约一年。一些雇主会为此支付保费或提供补贴，所以让你的孩子弄清楚与此相关的福利并从中获益是很有必要的。顾名思义，长期伤残险持续时间更长，它的等待期不同取决于保单的不同，保单上会有具体的保险期限和覆盖的残疾范围。这就是为什么你和孩子都必须仔细阅读所有的保单。

如果他们的工作不提供伤残保险，或者他们是自营职业者，你的孩子可以通过行业团体或个人来购买保险。比如，自由职业者联盟就是一个行业团体。降低保险费用的一个方法是延长等待期，即他们在该期限结束后发生残疾才能够获得资金赔付。等待期越长，费用越低。这有点像高免赔额医疗计划。

如果他们无法从事本职工作，则可以考虑"本职职业"保险。如果他们仍可以从事本职工作，但只能完成一部分，如处在手术恢复期只能工作有限的时间，则可以考虑"剩余残疾"保险。

如果你孩子的雇主为他们的伤残保单支付了保费，而孩子使用了保单，他们就要为支付的伤残福利金缴纳税款。如果他们自付了伤残保险的保费，就不必为此福利金纳税。福利金额（他们工资的百分比替代额）以及保单无论是否会根据通货膨胀进行调整，都可以被用来控制花费并使其费用是可承受的。

心理健康资源

心理健康通常包含在雇员福利中，但公司也可能有额外的资源，如支持小组。

根据美国人力资源管理协会SHRM 2020年福利调查，25%的受访者表示他们的公司增加了心理健康福利。毫无疑问，人们认为新冠疫情是其中一个原因："心理健康服务的扩大可能是因为雇主意识到，他们迫切需要支持员工面对工作和非工作相关的日益增长的压力。"

可以预料的是，你孩子的公司很有可能提供员工帮助计划（EAP），以帮助员工解决心理健康问题。

许多公司还开展了远程医疗服务，这也是可喜可贺的。事实上，SHRM 2020年报告上还显示，43%的公司都增加了这一福利。

我之所以指出这些变化，是因为这些变化是我们许多人过去都没有的福利，这些福利现在越来越普遍，也越来越受到员工的重视。所以要鼓励你的孩子去弄清楚现在的福利都有什么。

健康和福利津贴

到了这一部分，事情就开始变得有趣起来了！各公司已经开始加大对员工福利的重视，来保证员工的健康和快乐，而新冠疫情使公司进一步增加了投入。

政策千差万别，不断变化，但通常都是向好的方向发展。例如，一些公司可以报销1000美元的健康相关活动支出，其中涵盖的项目越来越多。有些公司可能会支付一部分购买自行车的钱，或者健身软件的每月订阅费。公司还可能购入健身设备，如手握哑铃或瑜伽垫，私教课往往也包含其中。想买苹果手表了吗？因为苹果手表可以当成一个健身工具，健康政策慷慨的公司会返还你一部分购买费用。没错，我丈夫的公司就是其中之一，他很喜欢他的那款用公司补贴购买的苹果手表。

除了现金回馈和直接补贴的健康和生活福利外，许多大公司还参加了折扣计划。类似这种上班时可享受的额外福利，包括为员工提供健身会员卡以及旅游、折扣券、科技、在线课程等多种服务。

最后，一些公司为从事与健康相关的活动提供财务激励，比如健身和每年的健康体检。这种激励有时甚至会延伸到为社区服务和回收等可持续发展与环保努力而发放奖励。

通勤福利

你的孩子很可能想忽略这一点，因为这看起来会降低他们的实得工资。但是如果他们选择乘坐公共交通工具上下班，或者在工作地点附近停车，这就有很大好处，因为他们从工资中拿出的钱可以免税，而且最终花费会更低。此外，他们如果发现自己在多数情况下没有使用这些福利，只需要提前一个月通知就可以更改，这与医疗保险一年一次的限制性开放注册期不同。

法律服务

这个是我几年前才开始使用的服务，之前都错过了。这些服务一般属于一年一次的类别，因此如果你的孩子没有立即注册，就必须要等到下一个开放注册期。服务费用通常都非常实惠，而且可以满足许多成年人的需求，他们可以借助特定的律师范围获得法律帮助。你可以把它想象成一个带律师的HMO。我和我的丈夫就在指定范围内的一位律师那里立了新的遗嘱。

法律服务也可以用来买卖房屋，处理家庭的法律问题、债务、婚前协议、离婚，甚至处理交通违规。每一个计划在费用和包括哪些法律服务方面都会有所不同，所以至关重要的是，你的孩子要知道计划都包括什么，这样他们就可以决定未来一年的配置是否对他们有价值。比如，他们打算买一套房子，而保单又涵盖了与之相关的法律服务，那这一年也许值得配置该计划，可以之后再放弃。如果他们还没有立遗嘱，也可以在当年配置该计划，然后明年不再配置。

你可以把它作为一个例子，说明当我们经历人生的各个阶段时，需求是如何变化的，以及福利是如何被调整的。福利配置不是设定好就一成不变的，而是应该至少一年重新评估一次。

带薪休假

企业文化在员工如何利用他们的休假中扮演了重要角色，但人们越来越认识到从工作中抽出时间的价值。花点时间和孩子一起看看人力资源网站上他们的薪酬页面，看看休假安排——以及可能的"价值"。有些公司甚至会按小时计算休假时间，这样你就能知道每小时的工资值多少，这样你的孩子就能知道他们每小时的货币价值。通过共同完成这项活动，你能告诉他们工作具有可量化的价值，以及使用他们的带薪休假将会正向提高他们的幸福感。抽点时间给自己充电是一个值得尽早养成的习惯。

教育和职业发展

你的孩子想上研究生院或者专门的高等教育院校吗？考虑到高等教育成本高得离谱（作为一名正在支付学费且有偏见的家长），这可能是近年来最重要的额外福利之一。根据国际雇员福利计划基金会（IFEBP）的数据，92%的美国组织为其雇员提供教育福利。

我对这项福利感到非常兴奋，因为它改变了我的生活。大学毕业后，我在CNBC做新闻助理，在这份工作中我学到了很多。不过，我还从这家公司获得了免学费上学的福利，可以在周末去纽约大学学习几年，我在那里学习了成为国际金融理财师所需的课程。即使我能用2万美元的起薪支付这些课程的费用，也不会想着自己付。一位同事跟我说了这个福利，我觉得这个福利太好了，不容错过。老实说，如果你是单身，没有家眷，接受能促进你事业发展的教育是一个值得鼓励的爱好。

你也许需要做些研究，才能了解雇主支付学费的相关规则。例如，我以前的一个雇主提出了一项教育福利，但没有得到推广。相反，员工必须到人力资源部询问，给出他们的理由，并最终获得经理的批准。补贴比例与每门课程的最终成绩挂钩。此外，也有规定要求员工完成课程后须在公司内工作若干年。你应该去问一问你的公司是否有教育福利，因为即使没有官方的教育报销政策，公司通常也会分配一部分资金作为学费用于员工教育发展。

还有一个很不错的税收优惠。从 2021 年开始，你的孩子将享受前5250美元的教育补助金不再需要交税，这些补助金主要用于支付学费、杂费、书籍和一些生活用品。请注意，一些成本，如吃饭和住房不是免税的，不太可能由你的雇主支付。同时，公司同样可以享受5250美元的税收减免。所以，如果你的孩子觉得这些税收优惠对他们和公司有好处，应该随时向老板汇报。最新的立法已确保这一点将持续至2025年，超过这一数额的任何部分都将作为收入来纳税。

其他广受好评的福利还包括雇主出钱让孩子获得MBA等研究生学位，或者提供自己的课程帮助孩子在公司或他们选择的领域取得进步。不过几乎在所有情况下，学习课程都需要与他们的职业相关。许多公司也会为兼职员工提供福利，所以不要认为没有钱就不去问。

学生债务偿还

没错，现在确实有这种服务，而且如滚雪球般越来越受到欢迎。根据人力资源管理协会的数据，将直接偿还学生贷款作为福利的雇主数量增加了1倍，从2018年的4%增长到2021年的8%。额外福利之所以越来越多，是因为越来越多的公司想要争夺年轻员工，而吸引他们加入公司的一个方法就是承诺帮助他们偿还助学贷款。人力资源咨询公司Buck的数据显示，41%的雇主表示，学生贷款债务是促进雇员财务幸福的主要因素。这一比例高于2017年的23%。

和其他保险计划一样，这种计划各不相同，而且有范围限制。一般而言，我看到的项目每年能带来几千美元的收益，最多也就是花费一美元，最长也不过几年。这是免费的，很值得花时间获得此项福利，要确保你的孩子提供必要的文件完成注册。

指导

在过去的几年里，员工的职业倦怠已经不是什么秘密了。长期地激励员工对公司来说有着巨大的经济利益关系。根据2020年SHRM员工福利调查，"员工福利可能在公司吸引人才方面发挥着前所未有的强大作用，因为企业正在经历2021年的'离职海啸'，辞职的美国员工人数比以往20年来的任何时候都多。"这就要求许多公司将目光从内部转向第三方资源，提供培训等福利，从而为员工提供超出其日常工作范围的生活支持。指导可以包括财务、健康和其他生活领域提供的支持，这项福利可能是以补贴福利或免费福利的形式提供的，值得作为一项额外福利加以研究。

紧急儿童保育

当孩子们结婚生子后，我们便从父母"升级"为了祖父母。成为祖父母可能很棒，但这并不意味着你想成为唯一的后备育儿选择。实际上，如果你不住在附近，或者还在朝九晚五地工作，你甚至都没有选择余地。这就是为什么即使你还不是祖父母，明智的做法也是确保你的孩子们知道他们的公司是否提供这种福利，并且对它的工作原理有一个大概的了解。相信我，如果他们成为父母，这将非常重要。

产品折扣

产品的折扣力度取决于不同的行业，但大多数公司都喜欢给员工提供免费或大幅折扣的产品样品。

我记得我的姐姐在一家饼干制造厂工作的时候，她的家里总是摆满了还没有上市的糖果。对工作在Ben & Jerry这样的公司的员工来说，这可能意味着会获得很多免费的冰激凌。对于工作在Airbnb这样的酒店服务公司来说，你的孩子可能会获得旅行积分。像Burton这样的公司会为员工提供季节滑雪通行证和雪天假期。无论孩子的公司提供什么，确保他们知道为他们提供的福利有哪些，以便让他们充分利用这些有趣的额外好处！

配捐

谁不希望自己的慈善捐款能带来更大的影响力呢？一般来说你的孩子都捐过钱，可能是捐给他们的大学，也可能是捐给他们朋友的宠物项目。我想说，这又有一个经常被忽视的非秘密福利。据Double the Donation的数据显示，每年有40亿~70亿美元的配捐基金无人领取，令人十分遗憾。每个项目都有其特点，但对于大多数慈善机构，包括学校，都很乐意帮助你的孩子得到企业的对等资金。

你的孩子可能会觉得他们的捐款太少，不够资格，那他们应该看看这个。根据Double the Donation，93%的公司要求捐献者的捐赠金额小于或等于50美元，平均最低对等金额仅为34美元。因此，如果你的孩子捐了50美元，他们的实际影响等于捐了100美元。另外提醒一下，如果他们的税款是分项扣除的，或当有特殊规定时，这笔捐款也可以抵税。

绝大多数（85%）的公司还提供志愿者资助计划，鼓励员工在社区进行志愿服务。也就是说，如果员工在慈善机构做了超过一定小时数的志愿者，他们的公司就会捐款。这是为非营利组织提供的免费资金，但据Double the Donation报道，这一点经常会被忽略。如果你的成年子女当前的预算不允许，这也是一个不使用自己的任何现金而向社区捐赠的好方法。关键是，当你的孩子做志愿服务时，他们必须确保这些服务在他们雇主的系统中有记录，这样他们的志愿工作才能为慈善机构带来一笔捐款。

这与那些允许员工请假去做志愿者但却不扣假期的公司有所不同，因此要确保他们可以使用这一项共同福利。

宠物保险

随着年轻员工中养宠物的人数增长，可以预期这种福利将越来越受欢迎。北美宠物健康保险协会（NAPHIA）2021年行业状况报告显示，2020年投保的宠物总数达到310万只，高于上一年的250万只。到2020年底，宠物保险在过去5年中以平均每年近25%的速度增长。平均每年的保险费可能很贵：根据NAPHIA的数据，一只狗每年因事故和疾病支付的保险费接近600美元。因此，如果你的孩子的公司提供了有关宠物的补贴选项，那这就是值得考虑的。

宠物保险的工作在许多方面与人的保险一样，每月都要支付保费，且有一个免赔额。如果你的宠物生病了，到达免赔额之后，宠物就会得到相应的福利。一些计划有年度免赔额和事故免赔额。一个关键的区别是，大多数宠物保险不像人的保险那样包括例行检查。所以要确保你的孩子知道他们的具体保单都涵盖了什么。

免费的高级活动门票

这种好处往往不会被人发现，如果你的孩子知道了相关信息，可能会获得大量福利。公司通常会为高管提供招待客户的VIP席位。现实是，这些票有时会无人使用。

这是一个可以不拘礼节地询问你的HR的问题，因为你们的谈话内容可能不会公开，但偶尔最后一刻会发布在公司的留言板上。告诉孩子们，当他们适应了这份新工作，就可以想办法去找这些票，或者去问管谁拿这些票。这样一来，当这些票是大家都可以争取否则就会被浪费掉的时候，他们就能随时注意到了。

退休

雇主们提供的退休计划可谓五花八门，我们这里只介绍最常见的几种。许多退休计划具有独特性，而工作原理可能是相近的。

1. 401（k）

毋庸置疑，在大多数情况下，公司都会提供相应的福利——免费资金。你只需要知道公司有多少免费资金，都是在什么时候支付的。这往往有归属时间表，所以你的孩子应该明白，他们可能若干年内无法得到全部或部分的匹配资金。这一点应该在公司的内部员工福利网站上明确。

我还记得在CNBC做第一份工作时，有一位人力资源部的人告诉我，她在我的方框里做了记号，为我的401（k）出资，那时我还不知道401（k）是什么。对我的同事们来说，他们很容易就不去理会那是什么，而且也不去检查那个方框——心想他们如果有时间，下次会去看。这就是为什么有些公司会自动为新员工办理这个计划，并至少将他们工资的一小部分存入其中。

你可以考虑两种方法来决定一个年轻人应该在401（k）中存多少钱。一种方法是，它应该不低于该公司匹配的金额。举例来说，我在CNBC的第一份工作提供了1美元对1美元的匹配，最多提供到我的总工资的6%。如果你的孩子拒绝了——他们很有可能会拒绝——要提醒孩子，按照传统的401（k）规则，他们自己的税前工资可以不算这笔钱。虽然这暂时降低了他们的总收入，但当税收季到来时，这对他们反而是有利的。你也可以提醒他们复利的力量，我们将在关于投资的一章中介绍。另一种方法更急功近利，坦率地说，有点野心勃勃——但值得一谈。以每年允许的最高金额（2021年是1.95万美元）为例，将其除以工资单的数量，然后计算，看看这会对他们的每份实得工资和支付账单的能力产生什么影响。第一份工作的薪水选激进方案的可能性不大，但筹划好之后，可以帮忙看看他们能承担到什么程度。提醒你的孩子，从他们的工资卡里扣除的401（k）储蓄金额可以全年调整，而不仅仅是每年一次。

许多公司还推出了一项功能，可以自动提高员工投入养老计划中工资的比例。让你的孩子设置试试，他们也许都没有注意到这一点。无论怎么说，他们总是可以调回让他们觉得舒适的数字。

2. 传统 vs 罗斯（Roth）

这是一个相对较新且对年轻人来说是一个新奇的选择。简言之，传统的401（k）或个人退休账户（IRA）的资金来源是你的税前资金。罗斯版的账户资金来源于税后资金。不管选择哪种，他们都要纳税，这只是一个时间问题：现在缴税，他们现在的收入可能会低于未来；退休时缴税，那时的税级可能会更高。（对罗斯账户来说）收入和缴款也有限制，而传统的退休账户限制更多，例如，如果你的孩子用罗斯账户中的钱支付他们第一套住房的首付，是不会被罚款的。

不要止步于此。请告诉你的年轻人，这些账户就像是盛水的容器，资金必须注入其中——这通常是他们挑选的共同基金。正如我之前所讲的，像阿什利这样存了钱却不去投资的人并不罕见。在账户无人管理的情况下，时间可能会流逝很快，而一旦问题暴露，财务上失去的机遇可能会带来毁灭性的打击。卡帕拉德已经看到了这种做法的灾难性后果："我见过30岁的人把钱投入401（k）已经有10年了，而他们自始至终都没有实现投资，钱就放在401（k）储蓄里。我也在四五十岁的人身上看到过这种现象，他们对此根本没概念。"

这令人心碎，因为后果无法挽回，而这本来是很容易防患于未然的。卡帕拉德的客户找到她，说别人告诉他们，他们应该把钱投入401（k）基金，这一点他们已经照做了。但没有人向他们解释说，需要他们自己选择401（k）的投资。她指出，现在有些计划确实会把资金自动转入目标日期基金里，但情况并非总是如此。

DIY 福利计划

我并不打算粉饰太平：DIY福利计划并不容易，需要学习的内容要超出这本书。有了雇主提供的一些额外福利和保障措施，你的孩子将顺利地从不谙世事的小孩过渡成长为一个经济独立的成年人。

也就是说，无论是心甘情愿还是身不由己，许多年轻人在成年后可能是自由职业者、合同工、为小企业或是为他们自己工作，无法获得公司福利。要达到与大公司相当的福利水平是非常困难的。但他们可以设置医疗保险、长期储蓄和投资等最基本的福利——尽管工作量更大，而且在许多情况下花费更高。

好消息是，年轻人可以在26岁前沿用他们父母的健康保险。这样一来，他们就有相当充足的时间进行研究。之后，他们可以到市场上或通过各种交易团体和工会购买。

然而，退休计划不应推迟过26岁。简·查茨基主动帮助儿子建立了退休投资计划。在最初的几份工作中，他都是合同工或长期临时雇员，没有公司退休计划。她向儿子展示了如何在智能投顾账户上开设罗斯版的IRA，以及设置每月自动供款的方法。"几年后他给我打了电话。他感叹道：'为什么我不早点这么做呢？'"

智能投顾帮助她的儿子减轻了选股压力。他只需要让这个应用自行设置并管理他的投资组合。查茨基说，儿子看到自己的钱越来越多，感到非常兴奋。"他的结余远远超过了他投入的钱。不过我想说，这是因为他恰好在牛市期间这么做了，他真的很幸运。"

工作文化：言行得体和明智之举

第一份工作可能会颠覆你孩子的"三观"，尤其是对于年轻人来说，他们对成人权利的早期认知是父母和老师传授的。虽然我们的家庭可能并不是完全民主的，但作为父母，我们在做决定时确实经常把孩子的幸福考虑在内。最重要的是，我们与孩子间有一种情感上的连接。我们不可能解雇我们的孩子。

雇主也希望我们的孩子成功，但这其中掺杂着一些因素。孩子得到了报酬，随之而来的是期望和成果。虽然当他们错过截止日期或者开会迟到时，老板换位思考也能感同身受，但这种同情是有限的。

1. 你在职场上并不是老板

你可能并不喜欢某些人。对年轻人来说，最难以适应的是他们可以选择朋友，但通常不能选择同事或老板。然而，这些人会对他们的职业生涯是否能成功产生巨大的影响。你的孩子需要花大量的时间与这些人相处，还必须经营这些职场关系。要确保他们明白其中的利害关系，并且清楚地意识到老板的权威。

你可能对此并不了解，但年轻人早就对老板会随时随地派给他们大量任务表示心照不宣，尽管这些任务会使他们劳累不堪。

在一定程度内，他们会加快手头的进度。但毫无疑问的是，如果任务量多到"惨绝人寰"的地步，那就另当别论了。然而在某些领域——尤其是金融、科技等高收入领域——年轻员工有成堆的工作要做，而且要随时待命。要确保你的孩子知道他们要做什么，并且知道如果工作太多了该去哪里寻求支持。

2. 亲自到场是成功的一半

NerdWallet的注册财务策划师、专业人士利兹·韦斯顿说，"你的出席不是为了取悦老板，就是为了取悦客户。人们认为这一点不一定要教给孩子。无论你是否愿意，都要亲自到场，让老板更满意，或者工作得更努力些。'这不在我的工作范围内'这种话绝对不能说出口。"

即使你的孩子在远程工作，他们也需要随时待命。没错，他们应该有自己的生活。但如果他们想在一份有人付钱给他们的工作中取得成功，或者想在一份客户付钱给他们的生意中取得成功，他们最好能说服自己把工作放在首位，并且很在乎自己的成功。

3. 着装

考虑到工作场所正在发生的变化，着装已经成为一个难题了。几乎每一种工作和业务都在发生变化，我们也要思考如何呈现我们自己。无论人们对我们的期望如何，我们在工作中都要更好地展现自己，确保年轻人了解这一点很重要。

就在本周，我丈夫穿着睡衣接了一个工作视频电话。诚然，这件上衣看起来像一件马德拉斯风格的衬衫——但睡衣依旧是睡衣，风格有点像美国西部荒野。一种大家支持的策略是，立志穿得像你身边穿着最好的同龄人，或者是工作场所职级比你高一点的人。人们经常建议我的着装要符合我想要的工作，而不是我现在的工作。

当你的孩子开始工作时，可能很难立即就买到一套理想的职业装。如果他们全职或兼职远程办公，可能会有更多的回旋余地。但最终，他们早晚都要线下面对同事或客户。顺便说一句，给孩子的第一份工作买几套衣服不仅没有错，这份礼物也是一种极具里程碑意义的仪式。所以放手去做吧！

回顾

1. 公司福利是薪酬的重要补充，要像重视他们的薪水一样重视福利。

2. 在他们开始工作之际，确保他们知道重要福利的截止日期和选择不同福利所产生的影响。

3. 如果你的孩子是自营职业者，他们也可以配置相应的福利计划，特别是医疗保险和退休计划。

4. 适应企业文化可以为他们的成功助上一臂之力。确保他们明白雇主的期待是什么。

第11章　成人投资

不要再大海捞针了。直接买下大海吧!

——约翰·博格尔

我很喜欢传奇投资人约翰·博格尔的这句话。它不仅歌颂了投资的多元化，而且也很好地提醒了我们，如果我们把投资讲得太复杂，孩子很有可能就把它当成耳边风了。

在上一章中，我们谈到了一些与投资有关的工具，比如在孩子开始工作时可能会用到的401（k）。现在，我们将重点放在如何使用这些投资的钱，以及如何帮助你的成年子女了解有哪些可选项。

与他们讨论储蓄和投资的区别是十分有必要的，还要确保他们真的在投资。我的意思是，我们不能对他们说的话表示深信不疑，无论他们说正在投资，还是将要投资。我们必须更进一步，看看他们在做什么，并确保他们能按部就班地完成他们设定的目标。这听起来像是我在告诉你，要插手他们的业务，做大事小事都要管的"直升机家长"，但请听我解释。当你亲自去看他们的账目，看看到底发生了什么时，你会惊讶地发现，很多年轻人把钱存到了经纪人账户，甚至是退休账户，却根本没去核实钱是否投到他们想要投资的地方。

当阿什利开始她的第一份工作时，她自豪地向我展示了她的401（k）是如何建立起来的。我问她这笔钱投资到哪里了，她答道："投资到401（k）里了"，脸上呆呆的表情正如我所预料。然后我解释说，她必须在该计划提供的共同基金投资选项中选择一个。她让我挑一个，因为她要赶时间，她的朋友们都在等她。我坚持要她坐下来，和我一起探讨哪个更适合她。她很不情愿地和我坐了几分钟，但我能看出她心急如焚，迫不及待想要离开。我们最终决定启动多元化的低成本股票指数基金。在我试图给她提供更多信息时，她却坚持说要等她回来再详细了解。我很沮丧，但还是把电脑递给了她，让她自己选择基金。后来我看到，她从股指基金的提供者那里选择了一只基金，但那是一只政府债券基金——不是我们之前约定的那只。但她已经出门了。我对她很失望，她真不值得冒险把她的投资用在错误的地方。

我在她账户的屏幕页面还亮着的时候为她做了更正。几天后，当我们有时间坐下来重温一遍，保证她能理解和同意后，我告诉她我做了什么。毕竟这是她的钱。从那以后，我们聊了很多次，我相信她百分之百明白自己的钱在哪里，以及为什么这个错误会让她在投资中损失大量利润。随着过去几年账户里的资金越来越多，她也越来越意识到这些早期决定是多么重要。

她的弟弟布拉德利在十几岁时开始通过教击剑课程赚钱，后来开了一个罗斯个人退休账户。我和我丈夫向他强调，根据他的收入情况，按照罗斯IRA的各种规则和限制，每年他最多可以投入多少税后资金。我们还告诉他，一旦资金到位，IRA就像在经纪人、智能投顾、投资软件上开的常规投资账户那样，可以继续存钱，投资非退休基金。

在他开设账户后，他就开始积极寻找投资机会，并不断提出问题。他向我询问具体的投资建议，我们探讨了不同的想法。最后，布拉德利选择投资一只挂钩标普500的低成本ETF，这是一只由多种科技股组成的大型股票基金。他还选择投资了一只他个人感兴趣的特定个股。

虽然一些育儿专家可能不同意我对待每个子女不同兴趣的方式，但世界上没有十全十美的解决方案。随着我第三个孩子的成长，他的需求和兴趣也可能完全不同。但我希望你能同意的是，如果出现意料之外的长期财务成本，我也不主张按原则行事。

我也认为，我们必须客观地看待我们每个孩子的情况，看看他们是否对投资感兴趣，以及他们是否实现了经济独立。有时他们离我们的期望差得还远，但很快就会到达。可能我们很容易就能助他们一臂之力，但也可能我们只能无动于衷，希望时间一长他们就有所转变了。但作为父母，我们不强迫孩子长大成人往往是在伤害他们。有时他们越被动，我们就必须越主动。即使他们当时觉得没有完全准备好，一旦我们给他们安排好了，他们也会感激我们。老实说，当我们有了孩子后，我们就做好养育孩子的准备了吗？我现在仍然觉得在很多时候我没有准备好处理孩子的问题。

作为父母，我们每个人都必须做出决定，该插手多少，该让孩子试错多少。在投资方面，要做对家庭有利的投资，但也要记住，一时的失误会给财务状况带来长期影响。要找到一个微妙的平衡，但无论如何我们是孩子未来的利益相关者，如果我们明知他们需要帮助，却没有搭把手，最终将会为此付出代价。

具体时间和方式

这部分列出了一些人生里程碑事件，可以把这些事件画成一个路线图，来教你的孩子何时开始投资，但我要强调的是，每个孩子和他们家庭的情况都是不同的。

理论上讲，如果你的孩子对投资表现出了兴趣，而你又有资源让他们学习投资，那什么时候开始都不算早。其他让他们参与投资的好时机还包括：在他们收到红包的生日、节假日或人生重大时刻，再或者他们开始挣钱的时刻。

新兴公司的出现让这一切变得轻而易举。对于我家年龄最小的孩子，我使用了一款名为Greenlight的应用软件。我们一开始使用它是为了补贴，但现在该公司提供了一个投资功能。孩子们可以研究股票，用1美元就能进行投资，甚至可以只买股票的一小部分。我最喜欢它的一个设计是，在这个交易进行前，必须要经过父母的批准。它还有一个投资功能，是一个平台，这个平台可以教父母如何研究股票和进行投资。

对于我那些快成年的孩子，我和丈夫让他们去了一家折扣经纪公司，在那家公司我们有账户。这一点非常有用，因为如果父母已经在一家公司拥有资产，那么下一代往往能够获得更多的利益和资源，因为这些账户可以相互关联，总余额也更高。他们可以像我们一样，有权查阅大量的研究和教育资料，帮助他们做出决策，了解投资。

如果你的孩子赚了钱，或者你给了他们零用钱，他们可以用这笔钱开始进行理财。在孩子的节假日或生日时，当朋友或亲戚问你给他们送了什么，你可以简单地说，他们有兴趣投资，所以就让他们在自己的投资账户里随便捣鼓了。

振作起来

你的孩子可能对把钱投资到哪里有着非常强烈的直觉。举例来说，他们可能对与朋友讨论比特币和加密货币的话题非常感兴趣。他们也可能对Reddit或抖音上当前流行的meme股票有所耳闻。但对于这些内容，我们则会非常谨慎地判断，并且应用我们的投资标准。

我们不妨举个例子，说说我们为什么要倾听孩子的投资想法，并保持开放的心态，让他们自行承担风险，无论结果是失败（理想情况是这个失败不会给生活带来长期影响），还是收获与他们自担风险匹配的等额回报。2020年5月，正值新冠疫情肆虐，人人居家之际，汽车租赁业务遭遇重创。因为没有人在那时想出去玩。最终，赫兹宣布破产。随后，随着年轻投资者蜂拥而入，以低得离谱的价格购入该股，该股在社交媒体上引发了一阵骚动。这毫无道理。基金经理们对此感到困惑。按照惯例，当一家公司破产时，有一些人需要先被偿付，而权益股东则是排在后面。在大多数情况下，股东会血本无归。

赫兹是这个惯例的唯一例外。时间快进到2021年春天，随着美国解封，旅游人数激增，汽车租赁需求激增。这家公司被拍卖，股东们得到了一笔巨额横财。这是一场完美的事件风暴，但如果你阻止了你的年轻人进行这个投资，你永远不会听到这个故事的结果。还好我的孩子们没有问起这件事，这让我松了一口气，因为我肯定会让他们置身事外——这个错误的决定可能会伤害我们之间的关系。

现在回想起来，最好的办法就是先听一听孩子们的想法，只有确保他们完全明白发生了什么，并且还愿意在承担巨大风险的情况下进行投资时，再给他们钱。这也可能适用于像加密货币这样，我们中的很多人保持怀疑态度，但我们的怀疑也可能是错误的投资。前景如何我们也不知道，所以我们应该让他们自己做出选择。我们的工作是确保他们了解自己正在投资的项目，以及与该投资相关的风险。让他们试错——也有可能是给了他们成功的机会。

我们的年轻人可能听过"分散投资"和"美元成本平均法"这样的投资策略流行语，也很想学习更多。他们可能会带着我们也不知道答案的问题来找我们。即使我们不知道所有的答案，也不要拒绝他们，而是要欢迎他们与我们进行探讨，这点至关重要。有些事不知道也没关系。我们并不是行走的百科全书，我也经常去查某个词到底是什么。假如孩子问我们，他们应该投资共同基金还是交易所交易基金（ETF），我们可能对两者的区别有概念，但不记得具体细节。你可以和孩子们一起查阅信息，然后作出正确抉择。

还有一种完全可能的情况是，你的孩子自学了很多内容，多年来一直认真观看CNBC，每天阅读《华尔街日报》，甚至反过来还能教你些知识。那么，你可以开诚布公地与他们谈谈你正在作出的投资选择，甚至可以考虑征求他们的意见。你不必告诉他们你在每项资产中拥有多少资金，但你可以用微软、Chipotle或Alphabet的股票作为共同权益的担保。但同时，你的孩子也可能无动于衷、漠不关心。他们也许会说，他们以后会去做。他们也许还会说，除非你给他们钱去投资，否则他们没有能力投资。（不要屈服！）他们可能毫不在乎，并告诉你，你可以替他们做。

无论你的孩子现在到了哪一步，关键是要倾听他们的声音，理解他们的观点，然后让他们走上实现他们目标的道路。

理想情况下，这种对话会贯穿他们的童年，即使这只是日常生活中的随意对话。如果你用他们的钱开了一个投资账户——比如他们生日的时候从亲戚或大方的朋友那儿收到的钱——这是一个绝佳的机会，可以向他们展示钱是如何随着时间的推移而增长的。让他们感兴趣的一个方法是，一起看看这个账户，你投入了多少钱，钱又是如何被投资的，以及这些年来它增加了多少。移交一部分投资控制权给他们的最佳时机，就是在他们拿到第一份薪水的时候。当孩子用为别人工作赚来的钱为他们自己打工时，他们就能获得满足感。即使你的账户是直接向他们开放的，也要让他们知道你很乐意与他们讨论投资选项，但决定权在他们自己手里。

我就受益于我的鲍勃爷爷这种"有限的自由"策略。在我十几岁时，他就慷慨地给了我一些钱，让我拿去投资，但其中也有一些附带条件。每年，爷爷都会给我一些钱，告诉我可以把钱投资到任何我想买的股票上，但前提是我必须先告诉他我要买什么，还要解释原因。

有的时候，他会表现出漠不关心的样子，让我自己去选。但也有的时候，他会对某只股票感到非常兴奋，催促我去研究这只股票，让我买入。他会解释为什么他觉得这是一项好的投资，会认真研究它是否分红，以及它是否能带来收入，这一点他很喜欢。这是很好的讨论机会，也是真正能了解他的方式。当我回首往昔时，我发现能从爷爷那里获得具体的指导，以及学着接受和考虑他的建议是多么幸运，我真的很感激他。我也感谢他能明确表示，最终还是要看我的选择。

从目标开始

你的使命不只是告诉你的孩子如何投资。你也要让他们关注投资，了解他们投资的原因。要做到这一点，一种方法是与他们一起制定短期、中期和长期目标。在此基础上，你可以与他们一起研究，确定他们想用哪些类型的投资账户，以及希望在这些账户中进行什么样的投资。

1. 短期目标

这笔钱将用于最直接的目标，这将取决于他们的年龄和他们目前所处的人生阶段。一般而言，短期投资指的是在两年以下的投资。对于刚开始工作的青少年来说，他们可能想用这笔钱买新的科技产品或很酷的衣服，但这些东西你肯定不会掏钱的。对大一点的孩子来说，他们想买的商品可能就是一辆汽车。对年轻的成年人来说，它可能是与朋友度假的经费或一笔应急资金。这笔钱还应该包括他们要负担的生活费用，如房租和食物。它应该被妥善保管，不承担任何风险，因为孩子们需要随时使用。

对于金融教育家、抖音红人、Her First 100K的创始人托里·邓拉普来说，她在职业生涯早期就优先设立的应急基金，是在她辞去一份乌烟瘴气的工作时帮助她撑下去的希望。"我不得不在没找到其他工作的10周后辞职，但我有足够的财力来应对。我有一份应急基金，这让我有了底气。它帮我度过了三个月的失业期。"

对我们的女儿阿什利来说，她大学毕业后的短期目标也是她十几岁时制定的长期财务目标的最后一段。她想存钱付第一套房子的首付。因此，她住在家里以便减少开支，而且还在工作中最大限度地利用了退休储蓄计划，并且将几乎所有税后收入存入非常安全的账户，以便在两年内积累了首付。看着她坚持这一目标，我感到很自豪。她的哥哥和她的朋友们的账户上都有了不可思议的股市回报，我看到股市上涨，而她却在有条不紊地把工资存进储蓄账户，有时也在怀疑。但股市本来也可能下跌，导致她的储蓄也跟着下跌。而她一直专注于自己的目标，大学毕业的两年后，她已经准备好了首付和手续费的钱。

2. 中期目标

这一时限更难界定，也有很多种解释。中期目标往往落在2~10年的范围，但可以根据你的孩子和他们的愿望而进行调整。这样做是为了规划出他们认为在未来十年可能想做的一些需要钱的事情。这可能包括支付研究生学费、买房，或者作为创业的启动资金。我喜欢称之为现实的人生愿景。

邓拉普的目标是在25岁时拥有10万美元的净资产（这个目标在我们初次见面时她还没有设定）。当她把这个目标公之于众时，我激动地听着，并坚信她这个目标会实现。她也确实实现了目标。邓拉普强调，她的父母在其中发挥了关键作用，包括她父亲在投资方面得到的教训。"当我开始挣钱的时候，他就说，'我们来谈谈什么是罗斯个人退休账户'。我就说，好吧，我听说过，但你能多给我讲讲吗？"于是他们约个时间聊了聊，她爸爸教她如何存钱，以及如何研究她想买的股票或指数基金。她的父亲采取了手把手指导的方式，让邓拉普先看着他投资，然后再让她进行投资。"这是一个合作的过程。他仍然保留着我的登录名。有时他登录后会说，'嘿，你的股票今天涨了。'所以，这个成果是我们一起研究出来的，他引导我完成了这个过程。"

3. 长期目标

从各方面来说，长期投资是最难实现的一个目标，因为它太遥远了。许多年轻人只关注周围发生的所有变化，并感到承受了很大的经济压力。告诉他们为超过10年的未来存钱和投资，可能会引起他们的抵制情绪。但是制定一些长期目标是必要的，比如想在年老时具有财务偿付能力，以及最好能够保持财务稳定和自由。提前投资可以让退休储蓄变得没那么痛苦。起步较晚不仅成本高昂，还可能让人心力交瘁。

我在播客中采访了真人秀节目《纽约百万豪宅》的莱恩·斯汉特，他告诉我一款名为Face App的应用会让人"变老"。他说，看到自己变成一个老人的形象很可怕，但同时也能激励自己提前为老年生活做准备。我们没有人真的愿意面对自己年老的样子，但看到这个画面会引起一种反应——希望是你想要的反应。邓拉普承认，就算她自己，也很难说服20多岁的年轻人去关心那些看起来如此遥远的目标。

她喜欢让她的客户记录他们的未来。"告诉他们，他们不只是在为某件事存钱，那是几十年后的事了，他们实际上是在为未来的自己存钱。未来的我已经65岁了。她和她叫卢卡的普拉提教练，在棕榈泉吃着午餐，喝着霞多丽酒。这就是退休计划。"邓拉普发现，这样的练习可以让人们有一个非常详细的愿景，呈现出他们老年的自己是什么样子，并希望将这种愿景变为现实。

选择正确的投资方式

现在，让我们来看看该把钱放到哪里，从而实现你和你的孩子们重点关注的目标。我们将介绍一些基础知识，帮助你入门。如果你想进行更深入的探究，可以查阅其他更多书籍。

1. 储蓄和货币市场账户

这种账户不会付给你很多利息，但它们会保证你的资金安全。他们由美国的联邦存款保险公司承保（每个账户最高25万美元）。在线账户往往会比传统机构支付更高的利率，所以你应该货比三家。你的孩子应该把他的应急资金存到这里，这样他们可以在紧要关头时满怀信心地拿到这笔钱。

2. 存单（CDs）

它们可以为中期目标提供更多的上行空间，也有联邦存款保险公司承保的保险。它们没有流动性，所以你只能在到期的时候拿到钱，具体时间取决于你选择的期限。期限越短，回报越低。短期存单是一个不错的选择，它可以作为额外的备用应急资金，资金在3~6个月就能使用。

3. 债券

简而言之，债券是公司或政府偿还债务的承诺。最近几年债券的利率非常低，债券的票面价值并不高，从现实意义上讲，你的孩子可能并不需要直接持有债券。如果他们有兴趣了解更多，可以研究不同类型的公司债券和政府债券之间的差异。事实上，赚钱或亏钱往往是在债券交易中发生的，这就是为什么要把它们作为共同基金的一部分来购买。随着年龄的增长，债券往往可以被视作一种分散投资、平衡投资组合的方式，而且最好通过共同基金等由专业人士管理的工具来实现。

4. 股票

这或许是孩子们最感兴趣的内容。在一家上市公司中，股票代表的是上市公司被称为股份的部分单元。你知道"不要把鸡蛋放在同一个篮子里"这个道理吗？这句话对股票来说再适合不过了。除非你的孩子对各个公司的来龙去脉都非常关注和了解，有时间跟踪他们的股票，而且有很多的钱可以投资，否则在他们人生的这个阶段，个股也许不应该是他们投资的主要方式。

不过，如果买几只他们感兴趣的公司的股票，能让他们对投资产生兴趣，那应该也很不错。持有能吸引他们的公司的股票，比如亚马逊、迪士尼、或者微软，是吸引一个对投资漠不关心的青少年或年轻人的一种途径。

5. 红利

要知道，哪怕只持有一股股票，都有可能带来税务后果，有时还要处理大量文书。这也是一个教育机会，可以让你的孩子了解股票是如何运作的，在他们学习一段时间后也可以让他们进行自主选择。你可以向他们解释，有些公司会拿走一部分利润，以分红的形式分给股东。这通常每季度进行一次，以每股为单位。你的孩子可以选择立即拿钱，也可以用这笔钱买更多的同类股票，从而获得更多的股份。股票之所以受欢迎，往往是因为投资者可以只购买少量股票，这也是一种美元成本平均法，即每隔一段时间自动投入资金，以消除股票波动的影响。一些公司提供股息再投资计划（DRIPS），也可以提供折扣股票。无论哪种方式，它都会作为收入被征税。

6. 共同基金

这是401（k）中的一个常见选项，也是实现长期目标的热门选择。共同基金就是一个由许多投资者出资的资金池，有专业的资金经理来管理。这是一种很好的分散投资的方式，人们能够以可负担得起的价格得到专业的资金管理。它们可用于中期或长期目标，具体取决于共同基金里有什么。例如，短期债券基金可以作为一个中期投资的可靠选择，但在大多数情况下，共同基金最适合长期目标。基金中的实际投资会有所不同，但通常包括股票、债券和其他证券。我们不仅要看共同基金的名目，更要看其实际内容。有时，名称可能无法反映基金中都实际有些什么。

让你的孩子了解共同基金的成本也是不可或缺的。共同基金的费用可能无所不包。比如，一只模仿股票指数的被动管理型基金，其成本应该非常低，因为它不是人为选择个股的。对于主动管理型基金来说，费用会更高，因为你付钱的对象是基金管理专家，让他主动决定买什么股票。在做出决定之前，让你的孩子做一些研究，看看被动型基金和主动型基金相比表现如何。投资共同基金也有税收影响，包括分红和资本收益。如果你的孩子（或你）感到不知所措，也不要担心。记住，这不是一个孤注一掷的游戏。如果他们愿意，可以把一部分钱放在不同的共同基金里。我们的职责是确保他们做出明智的决定。

7. 交易所交易基金（ETF）

这与共同基金一样可以实现许多相同的目标，但由于其结构，成本往往较低。ETF会跟踪指数、大宗商品或其他证券类的投资，可以像股票一样在交易所交易。你的孩子可能看过SPDC标普500的广告，股票代码为SPY。它追踪标普500指数，是最知名的交易所交易基金之一。ETF提供的灵活性使其能够在交易日内的任何时间像股票一样进行出售，与通常在市场收盘时买卖的共同基金不同。这使它更具流动性，成本也更低。

8. 非同质化代币、加密货币、艺术品、房地产和其他投资

如果你和你的孩子想探索更多的理财点子，可以通过无穷无尽的信息，用无数种方式来投资。非同质化代币、房地产、艺术品、加密货币和大宗商品都是让资金发挥作用的方式。它们各有利弊，包括成本、流动性、获取途径，当然还有风险。对于大多数刚刚起步的年轻人来说，这应该只是他们投资的一小部分，除非他们真正有动力去理解其风险和局限性，并且有足够的资金来适当地分散投资。

把钱交给谁?

你把钱放在哪里可能很重要。有些地方会提供看起来非常划算的交易，甚至是免费交易！但要注意的是，这些交易往往会有隐藏的费用，以及没有客户服务。如果你的孩子愿意的话，有些地方会提供更优质的研究和数据，但价格也更高。有的公司会提供与经纪人的面对面交流机会，还有的公司还会提供智能投顾，在几乎不需要或无人工干预的情况下就能建立投资组合。记住，虽然在一些公司拥有较高的总资产价值有其优势，但你的孩子绝对不能只在一个地方配置资金。

以下是可以考虑的一些选项。

1. 全面服务的经纪公司和基金经理

大家可能不会去想这个问题，但如果你已经工作、储蓄、投资多年，

那么无论你在哪个公司理财，你的账户金额都可能相当大。如果你的公司是一家提供全面服务的经纪或资产管理公司，那么你是否应该把孩子的资产管理算作家庭的一员，这个问题或许值得探讨。这可能会使你的孩子有低得多的佣金率或更高水平的服务，还可以帮助他们满足许多公司的最低资产要求。如果公司很聪明，他们会非常关注你刚成年的子女，并创造一种激励机制，让他们留下来，从而不仅能留下他们的资产，还能留住你未来的资产。

即使佣金率因家庭资产合并而下降，大概率你仍然需要支付管理费。确保你的孩子知道这一点，并选择支付。回顾一下这些好处，确保你的孩子会重视这些。许多全方位服务的理财经理都会尝试通过制订的教育计划、广泛的独家研究以及其他服务来增加价值，从而让下一代人参与进来。如果这对你的家庭来说是有益的，可以将它纳入选择。

2. 折扣经纪公司

这些公司的价格要便宜得多，但不会提供个性化建议和指导等优质服务。很多公司会免费帮你的孩子进行投资和交易，但买进还是卖出，以及何时进行交易需要自己手动决定。虽然他们不会提供"一对一"的投资建议，但较大的折扣经纪公司的确有大量的投资信息，你的孩子可以自学。我自己的孩子就是这么做的，对他们来说收益也还不错。

3. 智能投顾

自动化的投资组合管理对年轻人有很大的吸引力。由于它们的价格低于全面服务的基金经理和经纪人，而且不需要亲自动手操作，因此对新手来说可能是很好的投资尝试。他们确实会收费，有的是按月收费，有的则按固定金额收费，所以要确保孩子知道他们付了多少钱。如果他们持有的共同基金或者其他投资也在收费，则也要在支出计划中予以考虑。

智能投顾会根据孩子的资产、目标、风险承受力等因素来自动进行投资。随着市场变化以及孩子年龄增长和需求的变化，可以添加新的信息到各个因素中进行调整。对一部分年轻人来说，这有很大的吸引力，因为他们不想亲力亲为，但又想通过经济实惠的投资策略来享受早期投资带来的好处。

4. 免费交易应用

一些有着"罗宾汉"精神的人引领了这一趋势，因为它不仅提供免费交易，还创造了一种游戏化投资。如果你的孩子对此感兴趣，要重点听他们的意见，并且要密切关注他们的行动。这些应用软件可以触发类似赌博的机制，使人们沉迷其中。有些人可以可靠地使用这些应用软件，但许多年轻人也因此给自己惹了很多麻烦，甚至有过与此类应用带来的上瘾行为有关的案例，比如由此引发的自杀等极端行为。

最后提醒一点：尽管你自己的投资顾问可能很专业，也很值得信任，但他们并不一定最适合你的孩子。邓拉普建议父母尽量避免使用她所谓的"靠谱的熟人"，这个词是指你已经认识十几年并且十分信任的父母的财务顾问。她还警告说，这是一个笼统的说法，这个人不会理解你20多岁的孩子在生活中有哪些优先事项。"而且他们可能无法通过与你的孩子进行交流的方式，使孩子对理财产生兴趣。"

以下是她的一位客户对她的"靠谱的熟人"经历的描述："我爸爸向我介绍了他的财务顾问，但他的财务顾问不仅对我颐指气使，而且还不知道我有助学贷款要处理，有些事情还不向我解释清楚。他从来没有和我解释过什么是股票，让我一头雾水。"尽管你已经做了很多希望他们喜欢上投资的事情，但这种经历可能反而会让你的孩子养成不投资的习惯。

回顾

1. 如果你的孩子还没开始投资的话，让他们现在就开始学习。

2. 确保你的孩子知道把钱存入账户和进行投资的区别。

3. 向他们举例说明你是如何投资的，然后看着他们开始或继续自己的投资。

4. 在他们的允许下获得登录查看他们账户的权利，并与他们保持开放的沟通。

5. 给予他们资源，让他们自己做出投资决策，但要与他们讨论他们的决策理由。

6. 让他们明白各种投资的风险，但不要评价他们的投资行为。

第12章　成人家庭经济学

　　……想知道世界上最棒的事情是什么吗？昨晚我半夜醒来，给自己做了一份花生酱果冻三明治……你知道，那是我的厨房，我的冰箱，我的公寓……那是我这辈子吃过的最好的花生酱果冻三明治。

　　　　　　　　　——梅尔·温宁汉姆，在《圣艾尔摩之火》中饰演温迪

　　无论我们的孩子的第一个家有多么简陋，当他们终于长大成人后，有了自己的家仍是一件非常棒的事情。但他们知道过成年人的生活要花多少钱吗？

　　对年轻人来说，最大的预算杀手之一就是不知道管理一个家庭每天要花多少钱。就算他们上了大学，毕业时可能也不知道一些基本常识，比如买食物要花多少钱，除了房租或抵押贷款外还要花多少水电费和维修费等辅助费用，以及从社交到购买衣服、科技设备，甚至洗发水和香皂等洗漱用品的花销。还有，别忘了卫生纸！想想看，我们给家里买了多少东西，而当孩子们放学回家时，却认为这些东西是理所当然的。

　　过去，学校会教孩子们掌握日常理财技能，但现在已经不那么普遍了。即使作为父母，我们想教他们理财课程，但可能注意力会被放在其他方面。在理想的世界中，随着孩子的成长，我们购买生活用品时会带着他们一起，教他们比较价格，告诉他们如何达成更好的买卖。而在现实世界中，我们可能不会费心这么做，或者很少这么做，因为速战速决更容易。坦率地说，我购物的时候通常不会仔细检查每一件东西的价格，所以我不是个好老师。但这也正是因为，在我目前的人生阶段，如果深究每一件商品的最佳价格会花掉大量时间，所以不如直接速战速决。

　　但如果我们还没有教他们至少要注意价格，做出深思熟虑后基于时间价值的决策，那现在是时候开始这么做了。

　　我记得姐姐曾告诉我，在她职业生涯的早期，当她在一家大型消费食品公司从事营销工作时，作为培训的一部分，她和同事们收到了一位客户的预算范本。任务是：去杂货店买足够一家四口吃的食物，看看他们能不能负担得起公司那里的商品。为了完成这项挑战，她必须非常仔细地比对价格，以获得正确的组合。她惊讶地发现，他们的旗舰饼干对普通的消费者来说非常昂贵。如果你能让你的年轻人做这件事（也许是当成一个比赛），可能对你们两个人来说都是一次很好的锻炼机会！

　　简·查茨基也有这样的感觉，觉得让孩子有点脱离了自己负担得起的生活方式。"如果你一直在为你的孩子提供轻松舒适的生活环境，无论你是否能帮助他们，都需要让他们了解能买什么，不能买什么。"查茨基举了一个例子，说明他们是否会选择打车，而不是乘坐公共交通或步行。他们能买一辆汽车并支付保费吗？他们有余钱买日用品吗？当他们搬出家门时，他们是否有能力偿还助学贷款？

这个问题曾困扰过我们家。我们曾经尝试过，但未能在老二上学的时候为他制定一个预算，因为纽约市中心可供选择的食品和药店有限，我们不确定他是否能在不占用他太多工作、击剑练习和学习的时间的情况下控制好花费。我们跟他谈过高花费的问题，但我们已经接受了这样一个事实，即在一个高消费城市，我们的选择是有限的——就目前而言。他很明事理，而且一直在跟踪资金流向，做得还不错〔见第7章：（生活方式）通货膨胀〕。

这并不是说我们没有与孩子分享我们如何持续努力以获得最少支出的经验。例如，最近我不得不为我们最小的孩子开处方药：零售成本超过900美元，保险共付额为200美元，但通过使用制造商的优惠券，我只需支付60美元。知道如何找到你所需东西的最佳价格是一个我们都会用到的财务成长经验。我要确保每个孩子都明白，你第一次看到的价格并不一定是你最终支付的金额，尤其是有关医疗的时候。

租房

当你的孩子租房时，他们很可能要填写一系列的表格，其中包括信用调查和推荐信。他们很有可能也会租赁你的房子，所以你的情况也会被调查。他们还可能需要支付定金。一定要让他们明白这些是什么，以及所需的其他费用，包括付给房东的房租，以及可能要支付给搬家公司的费用。此外，互联网接入等服务也可能要收取一定的费用。

租房者的保险很重要，它可以保护孩子的财产，甚至如果发生火灾、盗窃或水灾等事件，还可以为孩子提供另一个栖身之所。房东有责任支付建筑物结构的保险费用。我帮助布拉德利买租房保险的亲身经历让我大开眼界。我首先去了一家传统的保险公司，在那里买了几十年的房主保险。他们的行为似乎表明他们对获得这笔业务胜券在握，并给了我一个不容商量的报价——在我看来这个报价非常高。公司代表拒绝在电话中向我提供详细信息，比如保险包含哪些服务，没有包含哪些服务。他们只告诉我，在我拿到保单文件时，我可以阅读，但保单里的内容都是标准的，无法更改。

幸运的是，现在有很多选择：许多公司用通俗易懂的语言专门面向年轻人进行介绍。我们最终选择了莱蒙纳德保险。我和布拉德利坐在一起，帮他查看基本条款。他把自己的信息输进去，得到了一个初步的报价。在此之后，事情就进展得非常顺利。

这个系统把保险范围分为几个部分，布拉德利可以对这些部分进行调整，以提高或降低他的支付价格，以及整个保单的赔付金额。比如，最初的基本报价为他提供了一笔资金，如果他的房出了问题，他可以用这笔钱找个地方住。由于我们住在附近，所以他可以回家住，我们就把这一条内容从合同中删去了，保险费也随之降低。网站还清晰地解释了保单的各个部分，以及每部分对支付价格的影响。

小贴士：确保你的孩子在为某物品投保时，检查用的是重置成本还是实际现金价值。重置成本意味着按照当前市场条件重新购买该物品的费用，而实际现金价值反映该物品的实际价值，这可能比重置成本低得多。

拥有住房

这个情况可能会更复杂，因为你的孩子可能将支付房地产税和偿还抵押贷款。当他们申请抵押贷款时，几乎每次他们都会被问及，是否希望抵押贷款服务机构每个月也为房地产税留出资金。这是一个合并账单的好方法，可以确保你的孩子不会在缴税的时候再收到一个意想不到的房地产税单。你需要提醒他们，部分房地产税以及他们的抵押贷款利息将免税。此外，不同于房屋租赁，水电和互联网服务等公用事业费用不包括在抵押贷款中，所以这些费用都应该单独列入预算。

房主保险可以很好地保护他们的投资。根据我们与布拉德利的经验，当阿什利也可以购买保险时，我们让她也去买莱蒙纳德保险。她必须赶在交房前把它搞定，这是购房过程中的一个重要环节。她想买纽约市的一套合作公寓，于是她自己开始处理，又回来咨询我和丈夫，保单需要覆盖哪些范围，以及她需要知道的其他信息，之后她自己完成了所有的工作。我们能为她做这件事吗？当然。那我们能不能也告诉她，让她按照自己认为最好的想法来，不给她任何建议？当然。但如果她完全有能力按照自己的想法去做，同时也能够从我们作为房主的经验中受益，并愿意接受我们的指导，不是二者之间的最佳平衡吗？

创建（书面）记录

如果我们帮助孩子们建立一个理财体系，让他们管理与金钱有关的文件，他们将在今后几年受益匪浅。这可能是通过普通邮件寄送的账单，但更有可能以电子账单形式呈现。在这方面，最重要的是我们要支持我们的孩子，让他们知道如何建立一个体系，因为这样会增大他们坚持记录的概率。但我们不应认为，只要稍加鼓励，他们就会这样做。

事实上，作为父母，我们中的许多人多年来都在记账方面"瞎糊弄"。多亏了科技，我们可以做大量的支出统计工作。如果你还在把各种各样的账单放进一个大文件夹或鞋盒之类的箱子里，我会促使你更有意识地尽可能地将纸面文件转向数字化系统。像Mint、Personal Gapitai和YNAB这样的软件非常流行。你必须投入时间来建立和连接账户——有些公司还收取注册费——但它们会让你的孩子清楚地知道自己的钱花在哪里，并帮他们规划出自己真正想要把钱花在哪里。另一个很棒的工具是使用他们银行账户或信用卡网站上的分类功能，把他们的支出分成不同的类别，从而清楚地看到他们资金分配情况的一个可视图。

纸面文件可能会造成混乱，但出于个人习惯，我仍然留着它们。但对于那些数字原生代孩子来说，让他们直接从数字系统开始或许更有意义。我已经开始使用扫描应用程序，每当有重要的文件，我都会扫描然后上传到我加密并备份的Dropbox文件夹。确保你的年轻人知道要保存哪些文件。我也有一个存放重要纸质文件的保险箱，因为有时需要原件或经过公证的文件副本。如何处理这些文件，是你孩子的个人决定，但他们应该把这些文件放在一个安全的地方，如果发生紧急情况，其他人应该知道它们在哪里。这些文件包括官方文件，如授权委托书、医疗委托书、护照和出生证明。

房屋维修

如果你的孩子租房生活，那么好消息是房屋维修的很多事情都归房东管。即使在这种情况下，也要确保他们准确了解如何联系到房东或其代表，以及房东应承担的义务。根据居住地的不同，房东义务可能是州法的一部分。确保他们了解房屋维修等反馈问题的有效渠道，以及维修的准确时间表。

在今年早些时候的一场大风暴中，我的继子住的公寓楼的天窗被打破了，雨水从他公寓楼的楼梯间涌了出来。我看到视频里他和室友们并不恐慌，因为他所在大楼的管理公司反应非常迅速，在还没造成太大破坏前很快就把它修好了。知道在发生不好的事情或东西坏掉的时候该找谁，是至关重要的。

这可能也是一个很好的机会来告诉你的孩子：你不会去打扫他们的家。如果你年轻的成年子女十分乐意自己清理他们的新家，你就是我的英雄，那么现在可以直接跳过接下来的内容。

但对我们中的许多人来说，这些年来一直在替孩子们收拾要洗的衣服，他们可能根本就不会自己打扫卫生。确保他们知道清洁的基本知识。从如何清洁烤箱到使用哪种产品，所有的一切都可以在油管视频中得到解答。如果他们想雇人做这些事，即使你不批准，那也是他们的最终决定。他们只需要确保他们能支付得起保洁费。

最重要的是：克制去他们屋子收拾东西的冲动。让他们自己处理，如果可以，就让他们自己处理他们的烂摊子吧！

宠物项目

由新冠疫情引发的养狗热潮是切切实实地由年轻人推动的。根据摩根士丹利的《2021年美国宠物投资趋势报告》，65%的18~34岁青少年计划在未来5年购买或收养一只宠物。我们要确保他们知道，这会让他们在经济上有哪些投入。报告还发现，37%的受访者会通过贷款来支付宠物的医疗费用，29%的受访者会把宠物的需求放在首位。养一只宠物的成本并不随着宠物的收养或购买一只宠物而结束。

1. 医疗护理

宠物就像一位家庭成员，也需要定期的医疗护理。这包括各种疫苗注射，特别是当它们还小的时候，要定期去看宠物医生。一只幼犬通常必须每隔几周就要去看一次宠物医生，直到它们16周大。在整个生命周期中，大约每六个月就要去宠物医生那看一次。就像我们人类一样，在检查时，宠物会被送往实验室，所以把实验室费用也加到预算里吧。同时，它们还需要牙齿清洁，服用各种维生素和药物。

2. 持续费用

抚养一只新宠物将是昂贵的，就像新来一位家庭成员一样。根据宠物主人的预算和优先级，费用可能包括：

- 食物和零食
- 宠物床和玩具
- 服从训练
- 宠物托管和寄养

3. 保险

一份紧急的宠物医疗账单可能会花光整个预算，所以如果你的孩子可以负担得起宠物保险，他们绝对应该购买。各种各样的保险方案都有，可以根据他们的预算量身定制。通常情况下，在达到免赔额后，宠物保险计划会涵盖总费用的一定百分比；计划通常有等待期，所以在你的宠物需要保险之前注册是很重要的。如果你的孩子选择不为自己的宠物宝宝购买保险，你要帮助他们理解，每个月都应该留出一定的资金余额，这样一来，一旦发生意外，他们就有能力自掏腰包了。

过最好的生活

你孩子的生活成本是多少钱？对他们来说，为自己制定预算是很有意义的，但在此之前，最好让孩子们与你坦诚地讨论他们想如何分配他们的日常财务资源。你们可以这样对话：一般情况下他们想在哪里吃饭？如果可以，他们负担得起吗？如果负担不起，他们是否愿意寻找新的收入来源？

同时，他们的外出预算也要包括在内。他们多久出去玩一次？通常要花多少钱？上下班要花多少钱？他们的经济实力与同龄人相比如何？如果被拉到一家昂贵的餐厅参加朋友的生日聚会或庆祝活动，他们又该如何应对？

虽然每天督促孩子们建立严格的支出计划可能很有诱惑力，但最终这必须由他们自己来做。一些孩子会充满动力地执行他们的财务计划，而有些孩子会随波逐流，等到发现问题时才开始想解决方案。有些孩子则会把事情搞得一团糟，然后指望让大人们来收拾残局。

但无论如何，我们必须让孩子们自己决定他们想要如何开始他们的成年生活，我们只需倾听就够了。如果我们试图控制他们的支出，很有可能会被他们排挤，无助地看着他们犯错。我们不会害他们，但至少要等到他们打电话来寻求帮助，然后再帮助他们判断。

回顾

1. 拥有第一个家是财务上的一个巨大里程碑，我们需要主动为孩子奠定坚实的基础。

2. 无论租房还是买房，买入保险都是必要的。

3. 需要与孩子们讨论预算和花销，让他们建立起管理体系。

4. 管理文件有益于孩子们的家庭经济，尤其是随着生活一天天过去，文件逐渐增多时。

5. 养宠物很棒，但首先要确保孩子为他们家庭的新成员做好预算。

6. 最终，我们只能旁观并等待他们步入他们的成年生活。

第四部分
选修课

第13章　慷慨

我们靠所得维持生计，因所给打造生命。

——温斯顿·丘吉尔

我们要教会孩子谋生，让他们学会管理自己的钱财，并像经济独立的成年人那样生活，这是必要的，但同时我们也应该不遗余力地向孩子们教授有关慷慨和公益支持方面的课程。

对凯瑟琳·纽曼来说，这是她的孩子成长过程中的首要任务。她认为，这也应该作为理财的一个常规组成部分。"孩子们经常观察我们如何做金钱方面的决定，尤其是如何决定要捐出多少钱。我们常常在他们面前做慈善捐款，所以他们也将这样做变成了习惯。"简·查茨基说，如果你想让刚成年的孩子成为给予者，你需要以身作则："你要树立给予的榜样，让孩子参与讨论你捐了多少、为什么、在哪里捐款，并让他们帮助你做出把钱捐到哪里的决定。"

我父母给了我一份礼物，我称之为慈善津贴。他们建立了一个"建议捐赠用基金"，这可以说是一个慈善性质的投资基金，可以立即抵扣税款。这些资金既可以用来投资和增收，还可以向美国国税局批准的慈善机构建议捐款。随着我和兄弟姐妹们年龄的增长，父母每年都会从基金中拿出一笔资金，用于我们希望支持的公益事业。我们现在仍然这样做，而且我们每个人都有机会看到每个家庭成员（包括我们的父母）为不同的事业作出了多少贡献，以及留在账户中的资金是如何增长的。

我无论怎么强调这件事对我们的家庭、我们围绕慈善捐赠的讨论及慷慨解囊的重要性产生的积极影响都不为过。通过建立这一体系，我的父母给了我们自己做决定的自由，但也会观察并一起参与讨论我们的选择。我父亲没有告诉我们该支持什么，但一定会分享他的观点。比如，他可能会指出，相对而言，向一家小型慈善机构捐赠固定金额的资金，可以真正放大他们所能实现的目标。同样一笔钱捐给一个非常大的慈善机构，虽然这也很好，但可能不会产生那么大的影响。和任何支出决定一样，我们也要思考：这笔钱产生的影响到底有多大？

帮助孩子找出公益支持项目

无数值得资助的慈善机构需要我们的支持，但你的孩子可能只有有限的钱可以捐赠。因此，你需要帮助他们计划如何分配资金。例如，有时支持一个小的慈善机构可以有更大和更直接的影响。

一定要确保他们去查一查慈善机构，核实其合法性，并了解捐赠资金有多少会真正用于慈善事业。要知道，那些为慈善机构工作的员工确实应该得到适当的报酬。你的孩子应该确保他们捐赠的一大部分钱实际上会用于慈善事业，而不仅仅是用于行政开支。

慈善导航是一个很好的参考工具，它可以根据慈善机构的财务健康状况以及资金流向的透明度等因素对它们进行评级。这项服务是免费的，可以帮助你的年轻人确保慈善机构是合法的，并且清楚地了解该组织可以产生多大的影响。

宗教礼物

许多宗教都鼓励他们的信徒捐款。例如，去教堂做礼拜的人要缴纳什一税。简单地说，这意味着他们要将收入的10%捐献给教会。在其他宗教中，通常也会有其他的捐款标准，往往和重大的事情有关，比如节日、对亲人的回忆或者重要的庆祝活动。你的孩子必须自己做出决定，但需要让孩子知道你捐了什么，为什么你能帮他们确定什么对他们来说是正确的。此外，许多宗教组织都被要求向公众公布他们的预算，这样你们就可以看到这些资金是如何使用的。

企业配捐计划

有些公司有非常慷慨的捐献计划，将为你孩子的慈善捐款匹配相应的金额。如果你的孩子在一家拥有这些计划的公司工作，可以鼓励他们先了解一下这些标准。例如，一个普遍的要求是捐款的慈善机构必须是501 (c) (3)组织。一些公司将限制他们的配捐种类。一个例子可能是，他们的配捐只能给大学。这些信息可以很容易在孩子公司网站的福利部分被找到。

他们朋友的请求

你的孩子可能会有朋友找上门来，恳求他们为慈善事业提供资金支持，这既可能是一个简单的募捐请求，也可能是一场募捐活动的邀请。不妨建议他们每年拿出一笔慈善预算，用于支持对朋友来说很重要的活动。

如果这笔钱在某个时候已经花光了，他们可以简单地告诉朋友，本年度的捐赠预算已经用完了，但他们可以把朋友的请求放在下一年度的最优先考虑名单上，之后再兑现承诺。

当孩子们被要求捐款时，即使不能给予朋友直接的经济支持，也一定要做出积极的回应，这样朋友就知道他们是在乎的。另外，也可以问问朋友，是否还有别的方法可以支持他们的项目。举例来说，如果朋友是为一个比赛筹集资金，是否可以在比赛的那一天作为志愿者来支持他们的朋友？别忘了，下一次，你的孩子可能变成了向朋友寻求帮助的那个人。

不要忘记税款抵扣

税法在这方面总是会变化，但如果你的孩子逐项列出抵扣项目，里面应该包含慈善捐款。请记住，如果他们参加了一个慈善活动，只有门票可能符合抵扣标准。

回顾

1. 在与孩子们谈论金钱的时候，记得要包括慈善捐赠的讨论。

2. 帮助他们理解你的宗教对于慈善捐助的期望。

3. 鼓励你的孩子在捐赠之前核实慈善机构，让他们善于用慈善导航网站。

4. 让他们准备好如何回应朋友们的慈善捐款请求。

5. 公司配捐可以扩大他们的捐赠，使捐赠更有影响力。

6. 确保他们跟踪他们的捐款，在符合条件时进行合理的税款抵扣。

第14章 驾驶培训

在20世纪，汽车就像如今的苹果手机。现在孩子们不需要汽车了，他们可以虚拟地驶向各处。

———杰·雷诺

开车曾经代表着青少年第一次实现真正的自由及承担起成年的责任。如今，这种自由首先体现在形式上，他们可以自由地到达任何地方，见任何想见的人，且不需要我们身为父母作为沟通渠道。这改变了我们作为司机所起的作用，但并不否定当时机成熟时，你的孩子准备好承担拥有一辆汽车的责任是很重要的。

在孩子很小的时候，我们作为父母花了无数个小时接送孩子到学校、参加活动或出去玩。作为父母，我们仿佛理所当然地会驾驶SUV、小型货车或者选择其他交通工具。如果身处城市，我们会让孩子坐公共交通、打出租来回往返，而且习惯了为孩子计划之外的生活提供后勤保障。

无论我们的孩子是如何到达目的地的，我们中的许多父母都期待着有一天我们最终不必围绕着他们的日程来回奔波，必须在给定的时间里把他们带到某个地方，然后再在给定的时间里把他们从那个地方接回来。老实说，很多人都梦想着有一天能让自己的小跑车轻松上阵，再也不用拖着孩子、他们的朋友和各种各样的运动器材到处跑了。

对许多家庭来说，尤其是那些在城市生活的家庭，第一辆车已经不再同过去一样，是个改变生活的里程碑了。我的孩子们都是成年人，今年20岁出头，连驾照都没有，对开车也没兴趣。他们几乎一直步行或乘坐公共交通工具，偶尔还会乘坐出租车、优步或来福车。如果他们想去城外的某个地方，他们可以舒舒服服地搭上火车，或是找个朋友开车送他们。作为父母，我确实希望他们学会驾驶，而且已经无数次地和他们提到了这一点。但这就是他们的生活，我也在逐渐接受这一点，除非他们决定改变，否则一切都将继续如此。

但对于那些需要用汽车接送孩子的父母来说，如何让孩子自己开车则是一个颇为棘手的问题，因为这不仅关乎他们的自由，也关乎我们作为父母的自由。

在很多方面，对于一个16岁的孩子来说，拥有一辆车仍然是个人财务责任的一个关键里程碑事件。作为父母，帮助子女合理规划购车事项会为将来他们实现房屋所有权等其他重大里程碑事件铺平道路。

购买一辆汽车要花很多钱。如果你的孩子想自己买的话，他们可能会贷款，而你很可能要作为共同借款人签字，要么会耗尽他们自己的储蓄或投资账户。许多父母选择补贴车款，这样他们的孩子就可以得到一辆更安全、质量更好的汽车。许多父母允许他们的孩子使用他们的汽车或购买另一辆家庭用车，并指定给孩子及他的兄弟姐妹们一起使用和共享。

谁来埋单？

在孩子过生日时给他们买辆车是我们在电影和电视上常看到的一种流行做法，但这不应该是理所当然的。我17岁拿到驾照时确实有一辆车。我在新泽西州长大，是家里最大的孩子，当我妹妹取得她的驾照时，我就知道我的车要与她共享了。我记得在和父亲一起购买时，他选了一辆价格适中但安全性很高的车。老实说，我从来都不是一个爱车的人，对一辆豪车也没什么强烈的感情和渴望。

但事实上，这辆车就是给我用的，我没有为此支付一分钱。我用在当地一家百货公司工作挣来的钱付了汽油费，正因为我的父亲总是对孩子很慷慨，所以我很难再向他要钱。他从来没有拒绝过我与汽车有关的花销要求。

现在回想起来，我本应该在其中发挥更多作用。实际情况是，在现实操作层面上，对我父母来说，更重要的点可能是他们不必再开车送我去百货公司之类的地方，因为去那个市镇单程就要20分钟。同时，我还可以开车带着弟弟妹妹到处走走。这辆汽车既给我带来了方便，也给他们带来了方便。

最终，每个家庭都必须以一个家庭单位为整体，来做对他们最好的事情。如果你能舒舒服服地负担得起买一辆车，且有一个负责任的孩子，他知道其中涉及的成本，想买一辆车作为给他们的礼物是很棒的。一定要让他们明白，这不是他们天然有权拥有的，而是你给他们的礼物，你也不要承诺永远会给他们买车。如果你不能或不想给他们买车，不要感到愧疚。你可以通过多种方式来帮助他们实现买车的目标，包括帮助他们做出购买新车、二手车或租车的最佳决定。你还应该确保他们了解所有与车相关的财务责任。

准备交易

在你和孩子一起买车之前，要先做些准备工作。即便最终我们想试驾或线下购买，我们也可以提前在网上多做一些研究并提前浏览。你要和孩子讨论需要优先考虑的事项，提前获得贷款许可（可能需要与孩子共同签署），并且了解由谁来承担各种财务成本。

购买或租赁的决定既是财务问题又是个性化需求的问题。我一直更倾向于拥有一辆车，支付后可以保有很长一段时间。但我尊重很多人有自己的理由选择租车。根据你的个人情况和优先考虑的事项来做决策，我所说的计算方法适用于以上两种情况。

购买汽车

虽然汽车的价值会随着时间的推移而贬值，但购买一辆新车或二手车很简单。如果你直接买下它，你就拥有了一项资产，之后该考虑的就是燃油效率、品类以及安全功能。如果你需要贷款买车，你则要每月付钱，直到还清车贷，然后你就完全地拥有了它。贷款的利率是由经销商，或者银行、信用合作社和其他借贷机构制定的，通常利率会定得很低，以激励买家。通常情况下，孩子的信用评分越高，他们就能获得更便宜的交易。一旦还清了车贷，他们就不用再付买车钱了，这真的能给他们带来一种自由感，还能给他们带来一种满足感，那就是还清了一笔有时看起来相当可观的贷款。

汽车贷款的年限越来越长，因为经销商希望他们的客户（在这种情况下是孩子）看到最低的可能月付。一定要小心，不要让孩子陷入总是要还车贷的陷阱，甚至买车而负担的债超过了汽车的价值，因为几乎在任何情况下，汽车都会随着时间的增加而贬值。随着更长期限的租赁变得越来越流行，最近出现了一种趋势，车主们会把贷款买的旧车还给经销商，又通过贷款购买新车，最终不仅要偿还新车欠款，还要偿还他们旧车的贷款。这是一场灾难。拥有一辆车之类东西的乐趣之一是当你不再背负贷款时而获得的自由感。如果他们要偿还的车贷超过五年，应该考虑让你的孩子买一辆更实惠的车，商定一个更低的价格，或者考虑买一辆二手车或租赁他们的第一辆车，尽管随着时间的推移花费可能会更多。

租赁汽车

租赁汽车已经变得非常受欢迎，因为你的孩子可以驾驶一辆相比他们买车而言更昂贵的新车，且月付较低。但不利的一面是，付款会延续整个租赁期，通常为两到三年。如果他们不停换车租，理论上每月总要支付一笔租赁费用。在租期结束时，他们要归还汽车，所以他们仍然没有自己的车。他们可以行驶的里程数通常是有限的，如果超过了限制，那么他们在还车时就会受到处罚。同时，如果他们不有效使用支付的里程数，也无法获得退款。还车的时候还可能会收磨损费——所以你最好确保你的孩子不让车发生任何破损。

如果你的孩子选择租赁，他们将驾驶一辆新车，而这将在保修范围内。车主若驾驶他们的汽车10年或更长时间，将不得不管理维修事项。新车还将拥有最新的安全和舒适特性及其他额外福利，如免费换油和定期保养，这会让生活变得更简单。

汽车动力

如果你的孩子有收入来源，这是一件很容易让他们支付并使他们感到自给自足的事情。它还能帮助他们理解成年人承担责任的成本，并体会到成为一名理财达人所面临的挑战。很多影响我们预算和支出的因素都超出了我们的控制范围。就在我2021年写这篇文章时，汽车和汽油的成本都在急剧上升。每次我把油箱加满，费用数额总会比我上一次加油时更高。我们无法控制这些因素，但它影响我们所有的财务状况。

如果你孩子的第一辆车是电动的，那么恭喜你！虽然他们还将面临其他成本，但可以免受不断波动的化石燃料价格的影响。

保险

当你的孩子仍然依赖家庭时，可以让他们加入家庭保险生态系统。许多保险公司能以较低的利率给你的孩子增加保单，这比他们单独购买保险的花费更少。如果这可以为家庭节省金钱，我建议你的孩子选择这条路，如果你决定要求你的孩子支付额外的费用来增加他们的保单，要确保他们了解汽车保险是如何在你的保单中作为一个附加条件运作的，所以当时机成熟时，他们会准备好为他们自己直接购买保险。

几乎每个州都要求司机购买责任保险。如果你的孩子没有覆盖要求的保险范围，他们可能会失去执照，面临罚款，甚至被关进监狱。责任保险可以保护你的孩子和你的家庭，使他们免受与事故有关的个人诉讼。这听起来可能有些不安，但如果你与未投保的司机发生事故，即使责任完全在他们，你的保险很可能会自动承担并支付。

你也要确保有碰撞险、综合险和人身伤害险。碰撞险是用于针对事故造成的损害。综合险是用于那些与意外事故无关的损失，比如一些东西砸到你的汽车上，或者一场暴风雪损坏了你的汽车。人身伤害险，不言而喻，是有价值的，确保你的孩子知道它，以备不时之需。

另一个考虑是在你车坏了的情况下有助于支付的保险。比如，我家有AAA级会员资格，但也有其他选择。只需支付很低的年费，这种保险就能在你需要汽车维修时提供拖车和租赁汽车服务。作为一项额外优惠，AAA级会员还在无数零售商处提供折扣。

其他需要考虑的因素

如果你想让你的孩子或其他家庭成员也加入你的保单里，那么你需要支付每月保费。就像医疗保险，你可以通过增加免赔额来降低你的每月保费。

虽然许多保险公司会因为青少年司机缺乏经验而对他们收取更高的费用，但参加防御性驾驶课程，还有寻找保险公司提供的其他良好行为的激励措施，比如给好学生的折扣，可以帮助降低成本。即使是你支付保险费，你也要告诉你的孩子，他们将对任何车辆受损负责。通过讨论保险是如何运作的，他们将对潜在的财务打击有一个很好的理解，并促使他们上路要小心。

你准备好让他们成为司机了吗？

如果他们真的违规开车的话，那么父母应该让孩子承担后果。这在理论上似乎足够简单，但当你在真实的现实生活中碰到了这种事时，事情可能会变得有点混乱。

注册会计师兼财务健康教练凯莉·朗经常和那些总帮助成年子女摆脱困境而没有让孩子承担成年后果的父母们会面，由于帮子女摆平一切的后果会持续很长时间，有时也会给父母带来经济上的影响。她讲述了一位母亲的故事，她22岁的女儿获得了一大笔有一些附加条件的财务赠与，包括她必须保持良好的信用。显然，留给她这笔钱的那个慷慨的亲戚是怀着美好的愿望来设定这些条件的。她只需担负起财务责任即可。不幸的是，她的女儿没有财务责任感，总会得到超速罚单，或不维持她车险目前的覆盖面。为了避免孩子损失这笔钱，这位母亲支付了超速罚单，还带着女儿上了交通法庭，承担了其他一些费用，以免让女儿陷入法律纠纷，使她仍有资格获得这份赠与。而且，她的女儿上班总是迟到，为了准时上班，她辩解说自己开车超速是必要的。她似乎并不理解这对她母亲和她母亲经济状况的影响。这真是一团糟。

凯莉·朗向她的委托人解释说，通过不断地"解救"女儿，她让孩子延续了这种不良行为，并且女儿长大以后会惹更多的麻烦，也摆脱不了对母亲无尽的依赖。很快，风险就变得更高了，因为她的女儿想买一套房子。"我说，如果你的女儿在经济上不能胜任一个好司机的身份，那她怎么能胜任一个好房主的身份呢？你需要质疑她，你认为一个好的房主在这里会有什么样的表现？"

凯莉·朗告诉这位母亲，她必须想出自己的办法。她解释道，做母亲的会下意识威胁女儿："如果你不这样做，我就不再付钱了"，并切断她的经济来源，结果这反而导致女儿和她无限期地生活在一起，因为她没有经济能力独自生活。她甚至可能会责怪母亲，或者怨恨母亲，因为母亲明明有钱给她经济上提供支持。这不是个解决办法。更准确地说，这种做法对这位母亲来说更像是一次经济上的打击。凯莉·朗确信母亲有动力把这件事做好。"我要求她少从羞辱的角度入手，多从激励的角度入手。比如，她可以划出边界，并对她女儿说，'我不能再帮你摆脱这个困境了，但我也希望你多想想，当你有了家庭的责任后，你的生活将如何改变'。"

凯莉·朗发现，在父母帮助孩子的冲动中，负疚感起了很大的作用。他们不想看到自己的孩子受苦。有时父母工作太忙，考虑到社会的期望，他们觉得自己让孩子失望了。她认为这一点在离异家庭中尤其明显。如果你在他们能开车的时候就给他们一辆车，那就说明你是在补偿他们。"它确立了这样一种模式，即由孩子全权掌管你的钱包。"

凯莉·朗建议的一种方法是看看你自己的预算，每个月选择一个固定的金额来帮助他们的孩子。"那么举个例子，假设是每月200美元。我每个月分配200美元来帮助你。钱花光了，也就到此为止了。"凯莉·朗表示，如果父母能守住底线，用固定金额的方法来设定这个标准，可能会有所帮助。

回顾

1. 拥有汽车通常是标志着孩子成年的第一个里程碑。

2. 汽车可以作为你的年轻子女如何承担财务责任的试验场，要设定你给他们多少财务支持的预期，并为他们独立生活等更大的成人里程碑奠定基础。

3. 孩子驾车的风险是很高的，因为它往往会影响整个家庭的财务状况。

4. 至关重要的是父母要让孩子理解开车的有关费用，并确定孩子自己需要负担哪些费用。

第五部分
前期使命

第15章　直到死亡将我们分开

从我第一次见到你的那一刻起，从你出生的那一刻起，我就知道，你是我一生的爱。一生挚爱。

——卡莉·西蒙

我前面分享的这段话，经常被误认为是关于一个浪漫的爱情故事，但它实际是在说父母对孩子的爱。对我们许多父母来说，直到死去的那一天，最牢固的还是我们与孩子之间的纽带。如果你正在读这本书，你足够关心你孩子的未来，只要你还在呼吸，你的生命就会和他们绑在一起。你的财务选择会在你去世后很大程度上影响他们之后的生活。想要照顾我们的后代是一种自然的生物本能。它不会当他们某个生日到来时就能神奇地消失。孩子确实是我们的一生所爱。

正因为如此，我们必须深吸一口气，直面这样一个事实：确保孩子们知道我们死后会发生什么，这才符合家庭里每个人的最大利益。虽然我们不必透露所有细节，比如在我们死后，我们的钱都去到哪儿了，或者透露我们资产的完整账目，但我们必须确保他们知道从哪里可以找到这些信息，以及他们将扮演什么样的角色。你可能对此一无所知，所以想想孩子们的感受吧，他们也没有意识到自己不知道这些。作为父母也作为子女，我自己其实也很讨厌提起这个话题。

这种情况下产生的厌恶感类似于你和伴侣第一次聊到钱的时候出现的胃里犯恶心的感觉。父母之爱子，则为之计深远。谁又想让自己的孩子担心呢？我们希望他们始终认为一切尽在父母掌控之中，这样他们才会有安全感。有些事情并没有我们想象中的那样坚不可摧，因此我们尽量避免与他们分享这些。虽然我们很想和子女们开诚布公地谈谈他们的财务计划和目标，还有我们的去世对他们的未来财务会有哪些影响。对于一些有能力继承遗产的人来说，我们可能不希望他们知道这件事，因为这可能会减弱他们对成功的渴望。这也可能让他们觉得，好像他们没有能力在财务上达到像我们那样成功。这是一个心理雷区。

另一个担忧是，我们不希望我们的孩子看到我们的弱点和我们在财务上的失败之处。他们可能认为我们正处在一个安逸的、退休的状态，而事实上，我们中许多人也只是勉强度日，却一直向子女们呈现出一副勇敢的面孔。事实上，我们许多人都在努力隐藏自身难处，只展现最好的一面。毕竟，我们不必收拾残局。但我们应该仔细考虑把孩子蒙在鼓里的后果。比如，管理不当的遗产不仅会对他们将来的财务状况造成严重损害，也会损害你们的家庭关系。

如果这还吓不到你，想想如果他们突然需要在很长一段时间内照顾你，会发生什么。他们知道从哪儿开始着手吗？他们能支付你的账单吗？如果因为他们不知道如何按时支付你的抵押贷款，导致你失去了你的房子怎么办？他们知道你的财务文件在哪儿吗？他们能登录你的电子文件的系统吗？他们知道你是否有长期护理保险吗？或者他们知道什么是长期护理保险吗？最根本的问题是你是否已经安排了一位专业人士，你的孩子可以在紧急情况下找到并通知他，然后他就会安排这些和其他事情吗？

这就是新冠疫情可能提供的一个供全家人一起交流的机会。无论我们的孩子是否和我们住在一起，在这几个月里我们很可能会更频繁地互相联系。比如，我每周都会和爸爸、继母以及我的兄弟姐妹们用Zoom软件进行视频聊天。这是一种祖父母、父母和成年孩子之间出现的一种新型的对话。

凯瑟琳·纽曼在她自己的家庭中也有这种经历。纽曼说，孩子在家自然创造了一个可以敞开心扉交流的机会，在此之前，孩子们还没上大学，可能谈论这个的时机还不够成熟。对于搬回家隔离的成年孩子来说，这是一个虽不同于正常生活，却可以和家人生活在一起的机会。在新冠疫情之前，家庭成员都生活在一起的时候，大多数人经常忙于各种活动、通勤、日常事务，面对着工作和学校的压力。疫情给我们提供了一个安静、不受干扰的家庭时光，以及在舒适的环境中自然交流的机会。

对社会来说，总有一天当我们回顾过去时，发现疫情是一个契机，让更多的家庭能够开诚布公地谈论父母的临终需求和期望。如果父母生病了，会发生什么？有没有医疗指示？有没有授权委托书？他们知道所有的财务记录都保存在哪里吗？如果你生病了，他们真的知道如何管理你的日常财务吗？哪些账单是必须支付的？他们能识别出骗局？如果你已经指定了一位专业人士来做这件事，你的孩子知道这位专业人士是谁，能通知他让他及时接手吗？他们对你的遗产计划有什么疑问？你去世后想告诉他们你的财务愿望是什么吗？

这很尴尬

提及一个关于死亡的聊天会让人引起不适。我知道每次当我的父母提起他们的钱，以及他们死后会发生什么，我都会感到惊慌失措，以为他们没有告诉我他们病了。我尽量避免这些对话。我不想让他们离去，如果我们展开了这场对话，这意味着有一天他们可能会离去。于是我选择了拒绝。但这是错误的选择。

因此，家长们务必要让孩子相信，没有任何不好的事情促使父母展开这样的对话，每个人都很健康。当然，如果真有什么地方出了问题，你一定要说清楚，不要在交流中含含糊糊。作为父母，我们的本能是在和孩子谈论死亡时尽量避免让孩子感到紧张，因为我们不想让他们担心。

不要被"遗产计划"这个词所困扰，虽然这听起来像只有超级富豪才需要做的事。实际上，遗产计划只是简单地规划一下，在我们的生命结束时，我们的钱和我们要照顾的人要怎样安排。它适用于所有人。

薇可·库克是《遗产计划101》的合著者，她当时正在撰写自己父母的遗产计划文件，以此为契机与她的子女探讨了这个话题。"他们听到了我与父母的谈话，内容是他们的遗嘱是什么，他们的最终愿望是什么。这是个令人伤感的话题，但这很重要。比如说，我们需要知道这些事，如果我们不谈这个，我怎么知道你想要的是什么？"她讨论的角度是这样的："当你成年了，有了家人需要你照顾，这也是照顾他们的一部分。"当时，库克还自己制作了一些与遗产相关的文件，并且确保和孩子们谈论这些文件。不过，她没有过多地谈论这件事。她进行了谈话，回答了他们的问题，然后就打住了。

你不必袒露一切

虽然你必须确保你的孩子们知道一些事情，但这并不意味着他们必须知道你遗产计划的所有细节。库克说："我们没有考虑全部的钱，也没有考虑到谁会得到什么之类的。""只是我们有一个计划，一旦我们遇到什么不测，你可以在这里查看相关信息。我希望这种情况不会出现，至少在很长一段时间内不会。"

《遗产计划101》合著者之一的艾米·布莱克洛克建议，我们应该根据自己在生活中的地位、与孩子的关系以及孩子的理解能力和兴趣程度，来分享那些我们觉得舒适的事情。"你需要给他们足够的信息，让他们知道你确实拥有特定的资产，但如果你不愿意和别人分享这么细，他们不一定要知道具体有多少钱。"她还表示："我认为，很多时候，这可能只是取决于他们的年龄，因为当他们年龄越来越大时，你也许会更愿意分享一些东西。"

布莱克洛克还强调，这不是一成不变的，随着情况的变化和家庭计划的调整，我们应该定期重新审视这段对话。这可能发生在孩子不同的成年阶段，比如他们结婚或生孩子的时候。也可能在当你生活上有了一个变化，这会影响到你的计划时。

没有彩票赢家

确保你的孩子准备好继承遗产。如果一个孩子没有准备好负责任地管理这笔意外之财，遗产可能会在短时间内被挥霍一空。

安妮·李斯·恩加塔亲眼目睹了一位习惯奢华生活的朋友的悲剧。在她这位朋友的父亲去世后，朋友继承了一大笔财产，并在三年时间里花掉了近100万美元，但一项资产都没买。"她买了很多名牌衣服。她周游世界，却没有买房。她甚至连一辆车都没有。"恩加塔解释说："她朋友从小就生活得很奢侈，但父母却没花时间教她怎么挣钱，这就是她习惯的生活方式。所以她就继续如此生活。"

我毫不怀疑，她朋友的父母是慷慨的，希望他们的女儿过上美好的、财务自由的生活。但这些良好意愿有时会适得其反，因为当她突然有机会获得所有钱财时，并没有学会为花钱设置任何限制。

如果你对孩子突然继承遗产的能力有任何顾虑，那么可以找一个值得信任的、称职的亲人或专业人士，考虑设立信托来保护孩子的财产。风险是真实存在的，其代价是令人痛苦的。

减负情景

说到让专业人士参与进来，在有些情况下，无论你做什么，如果孩子的父母或监护人出了什么事，你还年轻的成年孩子可能根本没有准备好或者没有能力监管他们的财务。注册会计师、个人理财专家迈克尔·艾森伯格说，这就体现了制度到位的关键性。

他建议父母们在评估他们过世后孩子的理财能力时要尽量现实一些。有些人还没有准备好掌管自己的金融资产，即使他们在法律上已经是成年人，他们也可以找可以信任的、经严格审查的专业人员，根据他们的需要来采取行动。艾森伯格说："不幸的是，这个年龄段的孩子，随着年龄的增长，确实会遇到一些障碍，不管是心理问题还是其他问题。""你需要认识到这一点。有时候父母不想谈这个。"

艾森伯格认为，如果出现这种情况，兄弟姐妹们也可以从中发挥重要作用。"举例来说，如果你不在身边，你其中的某个孩子可以接替你作为家长的工作，来帮助照顾弟弟妹妹。"这是父母应该与兄弟姐妹一起讨论的事情。艾森伯格还建议在信托中加入"不花钱"的条款，这样孩子们就不会把钱挥霍一空。与近亲相比，第三方受托人往往是一个好的选择，因为后者没有相关性。最好避免让亲属对成年子女说"不"，因为这可能会给他们的关系带来压力。他们也可能没有完全理解责任，甚至无意中会犯一些错误。一个专业的受托人可以设立屏障，以确保你的愿望得到实现。

实现它的基础

如果你已经有了一个计划，请确保它是最新的。每当你的生命中出现了一个里程碑，或者每五年（以较早者为准），你都要回顾一下，以确保计划不需要作出改变。

如果你没有做计划，那么现在是时候了。第一步是了解需要哪些文件，以及为什么需要这些文件。一般来说，让律师参与进来是最好的做法，但现在已经出现了许多可靠的自定义选项，我们将在本章后面讨论。利害攸关，至关重要的是你知道你签署的是什么。

1.预先指示

● 医疗代理：确保在你丧失行为能力时，有人有权做出医疗决定。这是一个非常简单的形式，可以让你的医生来完成。

● 生前遗嘱：生前遗嘱既可以是笼统的，也可以是非常具体的，但关键是在你无法沟通的情况下，它可以帮助你给你的医疗护理制订方案。例如，你可以指定，如果你处于疼痛中，并且医生确定你的状况为生命最后时刻时，不希望继续使用生命维持系统。

● 授权代理人：此人可以代表你执行财务决策。比如，他们可以确保你的抵押贷款和各种各样的保险账单可以按时支付。

2.保险

● 人寿保险：对大多数人来说，定期人寿保险就足够了。考虑组合一些保单，以便孩子在年轻的时候你有最大的保险覆盖面，然后，随着支持需求变少而减少覆盖面。如果你想包含投资类型，可以考虑终身寿险。请记住，对于销售产品的人来说，终身寿险通常会收取佣金。

● 长期护理：这完全不同于医疗保险，实际上，它涵盖了医疗保险无法涵盖的事情。例如，如果某人患有慢性病、残疾或阿尔茨海默症等持续性疾病，它可以帮助支付家庭护理费用，或者协助进行日常活动的费用。

3.遗嘱及信托

遗嘱：每个人都应该有一份遗嘱。虽然这听起来可能有点吓人，但遗嘱就是一份文件，它指明当你死后，你希望自己的资产流向何处。人们对此会非常情绪化，并且会拖延立遗嘱，但一旦你把它做完，你会感觉好很多。多年来我一直避免立遗嘱，但这太荒谬了，我很后悔。如果你死时没有遗嘱，州法就会生效，决定谁来继承你的资产。所以立一份遗嘱吧，因为这是给你所爱之人的最后一份礼物。

信托：信托比遗嘱更能保护隐私。简单地说，这是由以下合法的三方之间作出的安排：委托人或信托的创造者、受托人或监督信托的人、受益人或受益于信托的人。

通过信托，你可以控制财产分配的时间，可以保护财产，在某些情况下还可以享受税收优惠。一旦你设立了信托，它就会立即生效，所以它在你生前和死后都有用处。如果你有未成年的孩子，或者你的家庭结构或生意比较复杂，这可能会对你有帮助。这方面的例子包括再婚重组家庭、未婚父母、有特殊需要的儿童或几代同堂的家族企业。它们可能比遗嘱要昂贵得多，且在短时间内可能没有必要。你无论怎样都应该有一个遗嘱，但信托不是必需的。

● 我们总有遗嘱认证

不会有人说出"遗嘱认证真的很棒"这样的话。即使你有遗嘱，你的财产也要经过遗嘱检验。如果你立有遗嘱，法院需要确认遗嘱的有效性，以确保你的代理人妥善分配了所有财产。如果有人想对遗嘱提出异议，那就去遗嘱认证法庭解决。

如果你没有立遗嘱，你所爱的人可能会为之头疼。在没有遗嘱的情况下死亡，就意味着把权力交给了国家。遗嘱认证法官会选择一名遗产管理人来管理你的财产，并在孩子还未成年的时候决定由谁来监护他们。你不认识的人可能最终会抚养你的孩子。法律将决定谁得到你的什么财产。所以，如果你一直想让一个朋友得到一条特别的项链，那就没辙了。

● 避免遗嘱认证

某些财产如果有适当的文件记录，可以直接由受益人继承，所以你必须确保一切都井然有序。这样可以节省时间和金钱，并提高保密性。这也是与你有退休福利的工作的年轻成年子女很好的一次谈话。

可以绕过遗嘱认证的一些财产包括人寿保单、信托和一些投资或退休账户。被指定为"死亡时应付"（POD）或"死亡时可转账"（TOD）的银行和经纪账户也可以避免遗嘱认证。要想重新登记，受益人需要出示死亡证明。另外值得注意的是：共同拥有的财产不受遗嘱认证的限制。

● 关于技术和密码的说明

确保在你去世时，或在你处于无法管理财务的状态（如出现健康紧急情况）时，其他人也可以访问您的文件。一种方法是使用密码管理器。大多数都有经济实惠的家庭计划，而且还配备了紧急访问功能，如果你在一段时间内无法响应，亲人可以访问你的密码。这个人还可以访问你的数字遗产，其中可能包括一生的照片、视频和其他宝贵的记忆资料。

你只需进入密码管理器进行设置，指定一个可信任的人有紧急访问权限。届时，大多数密码管理器将逐步引导你完成设置，包括设置等待期，即这个人在获得访问权限之前必须等待的时间。这样，如果没有紧急情况，你就有时间拒绝他的登录请求。

不过，假如你遭遇了车祸，需要接受几周的医疗护理，在72小时的等待期后允许亲人访问你的密码，他就可以登录查看你的账单是否已经支付，或者给你的邮件设置一个合适的自动回复。

4. 孩子们也需要一个计划

布莱克洛克表示，虽然年轻人通常不需要马上安排这些，但父母应该督促他们尽快完成一些基本的工作，首先是财务授权书和医疗指示。这是他们在18岁时就可以做，而且通常应该做的事情。

坦白地说，在我写这本书之前，我从来没有真正想过死亡这些事。各州的法律有所不同，但如果作为父母，一旦发生什么事情，你想帮他们负担，那么设置好这些就会让他们生活更轻松。"你可以跟他们分享，如果他们在上大学时真的病倒了，没有这些文件，你也可能无法对他们的医疗护理和治疗拥有发言权，如果他们有车，你可能无法帮助他们支付车款，或者无法帮他们支付他们公寓的租金，"布莱克洛克说："如果他们有租约，但他们没有这些委托文件，你可能无法做很多事情。"

虽然立遗嘱从来都不是个坏主意，但如果你受到抵制，布莱克洛克表示，如果你的孩子没有财产，或者他们不介意自己的财产受遗嘱认证和州法律的限制，或许可以等等看。还应确保他们愿意为他们的任何投资账户指定受益人，包括401（k）账户和个人退休账户。这将有助于他们避免昂贵且公开的遗嘱认证。同样，也要确保他们指定了人寿保险和POD银行账户的受益人。

付款

没有人会在某一天醒来后决定大手笔进行遗产计划。这就是为什么如果我们想让我们的孩子制订计划（坦率地说，这也适用于我们），我们也必须帮他们了解如何来支付这笔钱。好消息是，有很多好的资源可供选择。

有一种选择可能连孩子自己都不知道，那就是工作附带的免费或有补贴的法律和保险福利。例如，许多雇主免费提供一些基本的人寿保险。有时他们甚至为员工的配偶提供人寿保险，还可能提供残疾险和伞式保险。

一个经常被人们忽略的好处是法律服务。这些通常要求员工在公开注册期注册，并承诺一整年，但这可能是非常划算的一笔交易。这些计划通常会有一个律师范围，范围内的律师无偿或以极低的费用提供遗嘱和信托等基本法律服务。可以把它想象成一个HMO，但只包括法律范畴。

库克和布莱克洛克强调，虽然律师通常是最佳选择，但新的资源，比如LegalZoom.com、RocketLawyer.com和TrustandWill.com可能对我们的孩子更有吸引力。我自己24岁和21岁的孩子使用TrustandWill.com创建了基本遗嘱和预先指示，体验很好。网站上会给出提示和易于理解的说明，如果有问题，还会提供资源。我和21岁的孩子坐在一起，看他浏览每一个网页，讨论了他的决定并填写了那些表格。如果你的孩子通过这样的服务在网上完成了这些文件，他们必须跟进并使之得到公证，否则这些文件将是无效的。

回顾

1. 与你的孩子进行谈论，在你去世后会发生哪些财务状况。

2. 父母不一定告诉孩子关于遗嘱的全部细节，但父母需要让孩子知道到哪里找到他们需要的信息。

3. 如果继承遗产，确保让孩子们准备好合理支配，或者设置可以保护他们的消费限额。

4. 不要忽略让你的继承人知道拥有你数字账户权限的重要性。

5. 当你的孩子到18岁，或者大于18岁时，他们需要有他们自己的遗嘱和预先指示。

第16章 退后一步：
父母给孩子打气

我意识到，如果我们开了支票，就等于推迟了不可避免的
事情。

——利兹·韦斯顿，国际金融理财师和作家

在某个时间点，我们必须让孩子迈入长大成人的阶段，这包括让他们学会独自理财。每个人对自己孩子成年的看法因人而异，但我们需要认清这样一个事实，即这是早晚都会发生的。如果我们一直给他们经济上的支持，我们就需要分析为什么我们不相信孩子，不认为他们自己会想办法成为经济上的成年人。正如我们之前讨论过的，我们可以为孩子慷慨解囊，但慷慨解囊和帮助他们摆脱困境之间是有区别的——他们应该能够处理好自己的事。实际上，这可能会让我们与孩子意见相左（希望这只是暂时的）。我们可能会感到沮丧，觉得他们没有听我们的意见，因为我们当然知道哪些更好，且只想保护他们。

最近我参加了一场婚礼，一对和我父母年龄相仿的夫妇问我最近在做些什么。当我把写这本书的事告诉他们时，他们看起来很不安。他们说，他们担心这是在多管闲事，告诉孩子怎么使用他们的钱，反而会让孩子疏远他们。他们告诉我，现实是当他们试图和孩子谈论金钱时，孩子根本不听。我的问题是：我们是否在倾听孩子们的意见？我们是否关注他们真正需要我们做什么？某些时候，当他们问起我们的建议和观点时，他们并不是需要我们的帮助，而是希望依靠他们自己来解决问题。虽然默默等待可能令人沮丧，但如果我们能够给予他们适当的空间，很可能计划是可行的。虽然我们有很多让孩子们自立自强的策略，但有时我们会不知所措。正如他们所说，灵丹妙药是不存在的。如果他们已经是理财达人，并且完全能够自给自足，也可以顺其自然，在他们犯下我们认为会发生的错误时不去施以援手。

莱斯利·泰恩想让孩子们明白她对他们成年的期望，尽管她已经竭尽全力让孩子们走向成功，但即使是这样，她也经历过一些令人难以置信的挫折。当孩子们长大可以开车时，她留了第二辆车让他们使用，并支付了保险费。她要求他们找一份工作并支付汽油费。她无意中听到他们抱怨加油的成本，在知道成本后做出去哪里加油的选择。听起来一切都很好，是吧？事实上并非如此。

这并不能让她免受这样一个事实的影响：青少年有时会做出错误的判

断。他们天生就想从父母那里争取独立,但他们对独立的看法有时会与父母截然不同。一天晚上,泰恩接到女儿的电话,说她的儿子只有实习驾照,在半夜他和一群朋友却把车开了出来,这当然是违法的。她大发雷霆。他不仅可能会害死他的同伴和他自己,也将把整个家庭放在财务风险和可能的法律危险中。"我说,你没有驾照,在任何情况下都无权开我的车。如果发生了意外或者其他什么事情,你就会一个人把我所做的一切都毁了。我觉得你还不明白这是什么意思,以及由此带来的财务后果。"于是她没收了他的实习驾照,并告诉他,她不会让他拿到驾照。

她的儿子目中无人,声称每个人都开着父母的车,她这么做太过分了。他试图证明,如果没有车,她就必须载着他到任何地方:这实际上是一个相当聪明的策略。父母给孩子买车最常见的原因之一就是他们可以避免当司机。但泰恩坚持自己的立场。"有个警察来到我家,跟我儿子说后果会是什么,因为他一直对我说'你在小题大做'。"她从来没有给他买过属于他的车,孩子们只能共享一辆车。她说,本来她想支付另一辆车的花销,这对他们所有人来说更方便,但她不会这样做。

最终,泰恩向孩子们和盘托出。她解释说,虽然她会在孩子们需要她时出现,但她会开始设定一些限制。"现在到了为我自己着想的时候了。我成年后把所有的钱都花在你们身上了。我爱你们。我关心你们,为你们铺好了未来的人生道路,但我现在不干了。从现在开始,我挣的钱必须用于我的退休和我自己的未来,因为我需要照顾好自己。"她的部分动机是,尽管她很爱自己的孩子,也很相信他们会愿意照顾她,但她说自己不会依靠他们来照顾自己。

这并不意味着做到这一点是很容易的。作家兼金融理财师利兹·韦斯顿告诉我:"真正艰难的事情是,你明明能介入并解决问题,却只能眼睁睁地看着你的孩子失败。"韦斯顿记得有一段时间,家里一位年轻成员陷入了严重的财务困境,她和丈夫本可以开一张支票让她摆脱困境。"但这位年轻成员做出了错误的决定,而这些错误的决定是由之前错误的决定累积而成的。

我意识到，如果我们开了支票，就等于推迟了不可避免的事情。"韦斯顿说，不插手很难，如果对方是你的孩子，那就更难了。如果他们做出了错误的决定和糟糕的判断，在某个时候我们不得不让他们承受后果。韦斯顿说："如果你一直在为他们纾困，那么他们改变的动力在哪里呢？"

你也要确保你的子女们知道，虽然你不一定会解决他们的财务问题，但你可以倾听和给他们提供建议。我们不是指导他们该做什么，而是要帮助他们明确自己想做什么。托里·邓拉普提醒父母们，一定要让孩子知道，长大后他们会获得成长所需的空间，父母也要接受自己角色的转变。"你比任何人都了解你的孩子，比任何人都了解你的家庭和经济状况。这一代的父母往往非常善于控制自己的孩子。"

邓拉普鼓励父母帮助孩子用钱来打造他们想要的生活，并把重点放在孩子的目标和优先考虑的事情上，即使这些目标和优先考虑的事情和父母想要的不一样。以下是她和孩子的一段对话：

....

"我知道你想在大学毕业后自己生活，而且不想与他人合租，对吗？这很好。这就意味着你可能必须提高工资，或者增加兼职，或者减少开支。我知道这对你来说非常重要，那在这方面我怎样才能帮助到你呢？"

....

这和"你怎么能这么蠢，把一大笔钱花在早午餐上？"是完全不同的对话。邓拉普解释说，如果父母使用那种伤害性的语言，他们的孩子不仅会向他们隐瞒自己在金钱上的挣扎，还会损害父母与孩子的整体关系。通过围绕他们想要的目标展开金钱讨论，我们可以让谈话保持通畅，同时我们与孩子的关系也可以不断发展。

让孩子成功的礼物就是父母后退一步，让他们成为理财达人。也许在你最意想不到的时候，你年轻的成年子女有一天会主动寻求你的指导，甚至会自己展翅高飞。

庆祝胜利

我从继女那里收到的最好的一条短信是："我有一些财务方面的问题。我今晚能给你打电话吗？还是说你有很多工作要做？"换句话说，我不再需要主动发起对话。她想听听我的意见。更令人震惊的是，她知道我其实也有自己的生活和事业，而且很尊重我给她的建议，而不是强加给她事实。

同样重要的是要明白，我们并不需要我们的孩子知道一切。我们需要他们知道如何为自己着想，如何解决问题，以及何时寻求帮助。正如我们在疫情中所学到的，我们不能为每件事都做好准备，我们也不能期望我们的孩子也是如此。但我们必须让他们有顿悟时分，意识到他们完全有能力成为理财达人。

HerMoney.com公司首席执行官简·查茨基记得，当她年轻的成年子女开始挣钱时，她仿佛看到孩子们像是灯泡被点亮了一样，闪闪发光。"他们知道了工作一个小时的价值。对他们来说，他们挣来的钱总是比零用钱或生日礼物更有价值。我认为，这是因为他们在这方面获得了经验，但这也让他们对如何使用这笔钱有了不同的看法。"查茨基说，孩子们一旦挣到钱，就会更加慎重地考虑什么是值得的，他们甚至买一样东西要花无数个小时来计算。"突然之间，他们考虑得更仔细了。"

曼迪·西格尔·扎克是在"成长与飞翔"脸书主页上联系过我的许多父母之一，她分享了自己的成功：

⋯⋯⋯⋯⋯⋯⋯⋯⋯⋯⋯⋯⋯⋯⋯⋯⋯⋯⋯⋯⋯⋯⋯⋯⋯⋯⋯⋯⋯⋯⋯⋯⋯⋯⋯

我的大儿子在申请大学的时候，他真的很想去一所大型公立学校。我们计算了他所有的助学金和奖学金，而一所没有体育D1级别和兄弟会的小型私立学校要便宜得多。我告诉他，他可以去任何他想去的地方。他来找我说："妈妈，我想去大学学商科。我认为最好的商业决定就是去一所能让我接受良好教育、找到好工作、毕业时没有债务、同时让我的人生正确发展的学校。"

....

　　时光飞逝，她的儿子现在已经是金融和会计专业的大三学生了。他住在不包三餐的公寓里，所以他现在必须进入一个新的独立阶段，负责自己买吃的。她的儿子需要一个合理的预算，但曼迪的问题是，如何让他知道花多少钱是合理的？

　　基于他在大学适应得很好，以及他对父母为他花了多少钱很感兴趣，曼迪决定冒险，告诉儿子第一个月就用信用卡买食物。但她的儿子决定，与其毫无节制地花钱，还不如用数据统计的方法来看看自己过去的食品支出。"他问我去年的用餐费用是多少（每学期3400美元）"，曼迪告诉我，"后来他算出大概每周是215美元，于是自己决定这学期要把其中的一半花在伙食上。昨天他在杂货店给我打电话，说他要买粉状的佳得乐，因为它更便宜。"

你的财务成长故事是什么？

　　我在这本书里分享了很多个人经历，我希望它能启发你回顾自己的经历，向父母，也许还有你的祖父母学习理财。对我们中的一些人来说，幸运的是，父母有目的地和我们谈论金钱，而且我们也觉得自己已经为步入成年生活做好了充分准备。对我们中的另一些人来说，我们的经验来自观察金钱在人们生活中扮演的角色。

　　我清晰地记得和父亲参加预算会议，以及随后的投资会议，在这些会议上，我和兄弟姐妹们轮流向他汇报。我们会讨论我们的财务需求和大学新学期的计划。我还记得，当他试图说服我进入华尔街而不是新闻界时，我没有搭理他。现在我不禁要问：他任性的女儿不知道要为生活付出什么样的代价，会让他感到十分沮丧吗？

　　我们会在和父母一起处理日常事务的过程中，对消费者的行为了如指掌。我记得和妈妈一起去过购物中心。显然，她过去的经历里发生的一些事情会让她因担心而囤积货物，而那种经历可能再也不会出现。我现在还留着她那时购物买的雨伞。它们是佛蒙特州伦敦雾店的印花雨伞。她看到这些雨伞在打折，就问有多少把。然后，在店员惊讶的目光中，她买下了所有存货。她于2005年去世，每当我看到那些雨伞，就会想起我妈妈，她总是担心如果没有买就会错过机会。

花点时间想想你的孩子将来会如何回顾他们的青少年时期，以及从二十出头到二十五六岁这段时期的，你又给他们上了哪些课。想想他们在你和其他家庭成员身边观察到的行为。你对你们的行为满意吗？既然你已经吸收了这本书里的知识，你又会如何改变呢？

珍惜回忆

有关金钱的回忆从很早的时候就有了。无论是零花钱或与节日和文化里程碑有关的金钱，还是像大富翁这样的棋盘游戏，金钱一直都是成长过程中的一部分。

我记得，每当我的儿子哈里收到生日礼金时，我都会跟他一起去银行，让他填写存单，然后让他摆姿势跟支票和存单合影。然后，他不得不自己走到柜台前，把它交给出纳，这样哈里就可以把照片连同感谢信一起送给这位"亲戚"了。这段回忆很有意思，但在当时，这可比在他上学或跟着保姆在家时我把支票存起来麻烦多了。

我认为，回忆确实有助于感受到金钱的真实性。我希望我能帮助你们认识到，我们可以告诉孩子们关于金钱的事情，并要求他们做与金钱有关的事情，但行动也很重要。将年轻人培养成理财达人是至关重要的，尽管我们仍在观察他们，并确保他们在前几次都做出了正确的决定。

虽然我曾经说过，这本书是为那些孩子年龄在16~26岁的父母而写的，但事实是，为人父母的旅程是永恒的。并非所有事情都会在"应该做"的时候能做好。正如我在第15章中所分享的，直到我在写这本书的时候，我才意识到我的两个18岁以上的孩子需要预先指示。但在这之前我从来没有想过这些。所以我联系了他们,解释了原因以及为什么这么做重要的原因。我拖延是因为我觉得他们会很抗拒。但他们没有生气,他们不仅理解,而且还很喜欢。他们对自己想要什么有着非常具体的想法,他们决策背后的逻辑给我留下了非常深刻的印象。我可以向后妥协,观察他们填写表单并点击提交。充分说明一下:我仍然不得不督促他们完成公证事宜。我猜他们的同龄人中很少有人知道并持有生前遗嘱和授权委托书。我希望这本书能让这个比例提高,让它成为18岁时的主流行为。

看完这本书,然后和你的孩子一起实践书中提到的家庭理财步骤,让他们成长为理财达人,这会为你的家庭创造出难忘的回忆。短期内,这样的回忆可能不会像全家人去冰岛旅行那么有趣,但当他们意识到通过学习理财自己可以获得什么时,你可能会惊讶于他们是如何投入其中的。

就我家而言,21岁的布拉德利可以自豪地与大家分享他的罗斯个人退休账户目前的价值。如果你提出要求,他还可以解释他的资产配置和分散投资策略。我们还会定期讨论他在发展内容创作业务时如何为客户定价和谈判。当被问及这么小的年纪就能在纽约市拥有自己的合作公寓是什么感觉时,我24岁的女儿阿什利会眉开眼笑。如果你敢问她是谁付的房贷,那就要当心了!全都是她付的,甚至不用表明她依赖父母帮助解决问题。我们不给她提供帮助——她喜欢这样。

如果你的工作做得很好,退后一步对你来说可能仍然很难。但你的孩子可能会让你大吃一惊,因为他们已经做好了迎接任何有关金钱决策的准备。考虑每季度召开一次家庭理财会议,大家可以在会上讨论如何进行资产投资,以及未来有哪些值得关注的问题。让他们展示自己的401(k)或其他投资工具,并分享他们的资产配置决策。询问他们对你可能做出的理财决定的看法。如果你有一位财务顾问,请他在发时事信息时把你的孩子加到他的电子邮件列表中,然后和你的孩子讨论这些时事信息。

记得还要聆听。你的孩子会知道什么时候来找你,而且会一直感谢你给了他们一份礼物，让他们成长为理财达人。

回顾

1. 当你的孩子不听你的，不要退缩，请改进你的沟通方式。

2. 让他们按照自己的优先级，成长为理财达人，虽然这可能和你的优先级不同。

3. 当他们犯了财务错误时，忍住想要帮助他们的冲动，即便会有连带后果。

4. 清晰地告诉孩子们你的资源优先用于你自己的需要。

5. 不要评判他们的财务决定，用和他们对话的方式，帮助他们走向实现梦想的最好之路。

6. 创造和珍惜走向理财达人的记忆。

7. 永远在一旁倾听和庆祝他们的财务成长。

结　语
我给理财达人的建议

阿什利·杰西卡·考夫曼

给年轻人的理财建议

我的继母要我为这本书写结语，谈谈我最佳的省钱妙招，我欣然接受了这个挑战。在阅读这本书时你已经知道，我大学毕业两年了，也有了我的第一个家。在这个过程中，我每个月都会列出一长串省钱的方法，其中大多数都是我小时候从父母那里学到的。

比较各个商店的价格

在我的成长过程中，父母教导我，不要在第一次看到某样东西的时候就购买，因为在其他地方买可能会更便宜。所以，尽管你在第一家店铺看到某样东西时就想要，但不要屈服于即时的满足。相反，你可以先货比三家，确保买到的是最便宜的价格。现在这个过程已经简化了，你可以在手机上查看所有的信息。我已经在各种场合养成了这样的习惯，并用这种方式购买了很多东西，从我小时候在家附近的杂货店里买到的猫咪玩具，到我写这篇文章时坐的沙发，不一而足。货比三家总是很有价值的，看看在别的商店买一件相似的东西，甚至是同样的东西，价格可能会更便宜。

我上大学的时候，宿舍里的所有东西，包括室友的东西，都是在Bed Bath and Beyond或Target里购买的，因为更简单，而且离校园很近。一般来说，在大型实体店购物时，很多人会认为所有商品的价格都是标准的，各家实体店的定价都是相近的，因为它们需要相互竞争，可能价格还是由制造商决定的。

当我搬进公寓时，我决定做个实验来检验这一观点。我做了一个电子表格。我是一个擅长用电子表格的女孩：如果事情可以在Excel中完成，我就会用Excel。在这个表格里，我列出了我公寓需要的150件物品：从沙发到床垫，再到抹刀和钳子，应有尽有。在这个表格中，我列出了宜家、Bed Bath and Beyond、Target、沃尔玛和亚马逊等家居必需品主要商店，然后逐一查看并记录这150件商品在每家门店的价格。有些商品来自别的商店，但几乎所有的东西都来自这5家商店中的一家。我发现，你认为最便宜的那些商店可能并不是每一种商品都便宜。一个浴帘在亚马逊可能是5美元，再附上挂环，成本是8美元——但在沃尔玛只要1美元。因此，我不得不比较选择每一种商品从哪里购买更合适。我的朋友们觉得我为之近乎疯狂，"甚至不能让自己买超过2美元的东西"，但我最终节省了约500美元，可以花在我真正想要但以前没有预算的东西上：一台咖啡机。

在最终决定要买某些物品的时候，我选择了更贵一些的方案，比如买All Clad品牌的厨具，而不是买一个我从未听说过的亚马逊品牌。我想考虑商品的质量，因为一套好的厨具可能要比因为价格便宜而随便买的东西耐用得多。

另一个要考虑的因素是价格匹配。许多大型连锁商店和一些较小的商店会有价格匹配，如果你发现在其他地方有完全相同的东西价格却更低，可以向他们展示。大约10年前，当我买了第一部苹果手机时，父亲给我上了这一课。保持新手机完好无损的手机壳在百思买售价约40美元。我们在店里的时候，我父亲拿出手机，出示了同样的手机壳在另一家售价30美元的例子。百思买很高兴匹配这样的价格卖给我们，因为对他们来说能多卖一件商品。

与朋友分摊成本

从高中到大学，甚至到现在，我和我的朋友们一直在分摊购物成本以节省几美元。在高中的时候，大家喜欢买一大袋薯片然后分享，而不是买单独包装的（这是在新冠疫情之前），这样做可以在音乐彩排前每天为我们节省2~3美元。上大学的时候，当无法乘坐公交车时我们会和别人合伙打车去朋友的公寓，还有说服更多人加入姐妹会商品采购，这样我们就可以批量购买，于是每件商品的价格会更低。

现在我们成年了，可以通过共享流媒体订阅和Costco会员资格来省钱。我的一些朋友甚至与其他朋友一起订了家庭电话套餐。我也和父母分享媒体订阅。最近，我通过订阅Showtime和Paramount+（我们全家都可以使用），为我继母所说的"家庭生态系统"作出了贡献。无论是和朋友还是和家人在一起，总有一些小办法来省下几美元，这笔钱可以用来投资，也可以存下来买公寓或者其他的东西。

从长期来看

正如我之前所讨论的，有时考虑质量要优于考虑价格，从长远来看会为你节省金钱。当我买咖啡机时，我做了相关研究并买到了我可以负担得起的最好的机器。亚马逊上有便宜得多的选择吗？有的，但我意识到，如果我买了更好的机器，最终我可以用易于安装的升级方式自己进行改造，这样做不会带来财务损失。此外，用这台机器煮出来的咖啡也比用廉价机器的味道好得多。在过去几年中，我的许多购买行为都遵循了这样的逻辑。

在我的成长过程中，我和家人去过华特·迪士尼世界很多次，也去过迪士尼乐园，甚至乘坐过迪士尼游轮。1998年我第一次去迪士尼，就迷上了所有和主题公园有关的东西。无论我们到哪里，我总能听到有这些主题公园和游乐园的年票。布什花园、六面旗，甚至纽约的Playland in Rye都有年票或季票。在我成长的过程中，我们家离这些地方的距离从来都不够近，因此不值得我去买年票。不过，成年后我买了华特·迪士尼世界的年票，可以去佛罗里达的一个主题公园。我住在曼哈顿，所以我认为这是值得的。

2020年，在新冠疫情来袭之前，我和男友计划去佛罗里达的华特·迪士尼世界旅行。他是《星球大战》的超级粉丝，2019年10月我们到那儿玩了几天，当时《星球大战》的游乐设施还在建造中。就在我们计划2020年之旅并规划这个假期的预算时，各种东西的成本都压在了我们身上。当时我们离大学毕业还不到一年，花2000美元去度假几天似乎太过火了。做了一些调查后，我了解了迪士尼的年票条款。花这么多钱只去一趟公园似乎有些过分，于是我做了一个电子表格。迪士尼白金年票是不住在佛罗里达的人的唯一选择，其中包括礼品店出售的商品和零食八折，食物九折，没有禁入日期，在公园里拍摄照片（质量比我用手机拍的好得多），以及酒店折扣。

当我把这一切都换算为去迪士尼玩一天要花的钱，也就是入场费加上我们一天的花销，包括食物和酒店费用时，很容易就能看出这对我们来说是否值得。

最终，我们断定，如果每年使用这张通行年票进行两次4~5天的旅行，我们就可以达到收支平衡。所以我们决定冒险试一年，然后重新评估。考虑了所有的折扣和最大化我们的折扣选项，我们支付了一次通票的旅行。我们刚刚续签了这个通票，因为它附带一切，而且我们打算明年去夏威夷，这在我之前的计划价格之外，因为迪士尼年度通票还为夏威夷的迪士尼度假区Aulani酒店提供季节性折扣。

折扣

通过我工作的公司，我可以利用各种各样的折扣，还能享受到我哥哥在纽约大学的待遇。我弟弟用他的折扣为我买了新运动鞋。当然我还了他钱，但这比我自己购买时的价格低了20%。我建议大家一定要查找折扣码，不管是通过学生折扣计划、公司计划还是浏览器扩展提供的折扣码，几乎每个网站上都有。

当你访问一个网站时，你会不会看到烦不胜烦的弹出窗口？没错，通常这些会为订阅新闻简报的新用户提供5%~30%的折扣。用户可以随时取消订阅，但对于本就要在网上购买的人来说，还是值得注册的。

此外，这里有一个继母告诉我的小贴士。如果你在某个特定的网站有一个账户，而且你已经登录，如果你在购物车里添加了一些你浏览过的东西，然后离开了网站，许多网站都会在接下来的24~48小时向你的电子邮件发送折扣码。耐心等待折扣码到达，你就可以节省数百美元，具体取决于购买情况。

对于任何东西，折扣无处不在：你只需要认真寻找，并且保持耐心。有时你想买的东西会在几天后就开始打折，你需要仔细考虑一下，这也是一种选择。

最大化信用卡优惠并加入忠诚度计划

我敢肯定，在某些时候，你会收到一封信，里面提到一张你有资格获得的优质信用卡，再或者某些时候，你会在Nerd Wallet网上查看哪种信用卡最适合你。我最大的省钱妙招来自学会最大限度地利用信用卡签约的红利和优惠。我有三张信用卡，我认为重要的是要做出明智决定，选择适合你的有最大化签约红利的卡。

当你访问一个网站时，它会创建一些cookies。这是定向广告推送给你的方式：依据你的互联网搜索活动，在认为你会喜欢的基础上，他们会给你提供建议。一旦你挑选了一张卡片，有可能在几天内，你会收到一个推送给你的广告，向你推荐一张登录奖金和积分更多的卡。如果没有，不妨试一试私人浏览网站，稍加耐心，或许就会出现更好的机会。

仅这一种方法就帮助我在只花了注册金卡所需的最低额度下，就获得了7.5万美国运通积分。然而，重要的是要注意，具有更高积分值和更好还款选项的卡很可能需要支付年费。有些卡没有年费，但有多倍积分和兑换值，重要的是需要研究以找到适合的卡。

2019年，我决定在2022年去日本旅行。新冠疫情打乱了我的整个计划，但我现在在我的所有积分和忠诚度计划里，我总共有50万积分，可以负担我的整个东京之旅，而且我不需要在豪华酒店和商务舱机票上花一分钱。虽然我的行程被疫情推迟了，但我还是很兴奋，在可以去的时候就准备出发。

虽然并非所有积分价值都一样，但加入忠诚度计划并坚持自己选择的公司，才是长期省钱的最简单途径。在选择一个项目之前，我建议你先四处搜索，看看你到底想要什么，这是不是最好的、更长远的选项，而不是只是当时最方便的那个。

在我整个童年时代，我的父亲经常出差，但正是因为他把所有这些积分都省了下来，我们总能度过愉快的假期，去有趣的、令人兴奋的新地方旅行。为了庆祝我大学毕业，父亲带我们去亚特兰蒂斯，住在完全用积分支付的位于巴哈马群岛的漂亮酒店。这一事件激发了我对银行积分的兴趣。

购买翻新产品

在购买电子产品之前，应该对它们进行性价比研究。我写这篇文章时用的是2015年的MacBook，能用这么长时间，是因为我做了相关研究，买了一款经得起时间考验的设备。在购买电子产品或小型厨房电器时，经常会出现"翻新"这个词，因此很难判断购买经过翻新的电子产品是否值得。

通常，翻新电子产品的成本要比全新的同类产品低得多；然而，重要的是从授权维修店、原始制造商或其他可信赖的渠道购买这些设备。翻新的电子产品通常是由旧机器或计算机的零部件组装而成的。翻新的商品通常也有一个比新产品更短的保修期，所以这绝对是值得注意的。不过，和新产品相比，翻新后的产品通常要经过更广泛的测试，以确保它们能够正常工作。因此，你可能会得到一款功能与全新产品相同，甚至可能比全新产品更好的设备。

虽然这些建议可能并不适用于每一个人，但作为一个25岁还在抵押贷款、刚刚大学毕业两年的人，我就是通过这些方法来筹集到首付所需的资金的。我从这些方法中省下的每一美元都极大地帮助我实现了自己的目标，成就了现在的我，它们将继续帮助我成长。我希望这些方法也能帮助到你。

<<< **致　谢**

如果没有阿什利和布拉德利这两位启发到我的理财达人，这本书是不可能出版的。感谢阿什利和布拉德利参与进来，给大家树立了一个榜样。你们就是罗斯个人退休账户、抵押贷款、税收、投资，以及许多保险产品方面的"摇滚明星"。

感谢我出色的文学经纪人萨拉·史密斯，感谢大卫·布莱克新闻社的团队，感谢凯文·哈勒德、苏珊·塞拉和Wiley团队。

我永远感谢我的经纪人亚当·科什纳为我提供的职业建议、倡导和友谊。

这本书的核心和灵魂是杰出的育儿和财务专家小组：安迪·希尔，艾莉森·特里斯特，安妮·李斯·W，阿曼达·克莱曼，艾米·布莱克洛克，布拉德·克朗兹，凯瑟琳·纽曼，辛西娅·梅耶，大卫·斯坦，珍妮·哈洛兰，杰森·费弗，简·查茨基，朱莉·利思，科特·海姆斯，凯莉·朗，KJ·戴尔·安东尼亚，莱斯利·泰恩，玛丽·戴尔·哈林顿，迈克尔·艾森伯格，帕姆·卡帕拉德，罗恩·利伯，罗伊·费弗，肖恩·罗切斯特，托尼亚·拉普利，托里·邓拉普和薇可·库克。

感谢多年来耐心聆听我的想法并鼓励和支持我的许多朋友和同事，包括阿什利·沃尔、史蒂夫·斯图尔特、乔·索尔·塞西、埃里卡·凯斯温、帕姆·萨缪尔斯、詹尼斯·塞西尔、吉尔·卡斯纳、伊丽莎白·科拉卡、特拉·博迪、劳拉·罗利、莉兹·埃尔廷、卡罗琳·夏皮罗、艾琳·劳里、艾莉森·维斯·布雷迪、林赛·戈德华特、詹妮弗·巴雷特、卡里·萨默、詹妮弗·欧文斯、艾米·罗森伯格、安德里·沃洛奇、大卫·巴赫、贾米

187 <<<

拉·苏富兰、刘伯伦·史密斯·布罗迪、伊丽莎白·格斯特、梅丽莎·麦高夫、珍妮·莱昂、格雷格·西耶斯、布莱恩·迪恩、迈克尔·马西斯、凯莉·希比茨和苏珊·麦克弗森。

20多年来，我一直为身为一个非常特别的读书俱乐部的一员而深感荣幸，这个俱乐部的成员包括艾丽卡·格雷夫、梅丽莎·斯托尔勒、马西·温克勒、菲利斯·法伯、杰尼·辛格、瓦莱丽·克尔和洛林·褒曼。爱你们所有人！

致我在MCC的朋友们：感谢你们在高尔夫球场和在19th hole举办的动员会，感谢你们的字数统计工作。

这本书献给我的父亲和母亲，但我也十分感激我的继母苏珊·雷贝尔、我的姻亲莫尼卡和埃德·考夫曼的支持。还要感谢黛博拉·雷贝尔·莫斯、杰森·莫斯、阿什尔·莫斯和西耶娜·莫斯，以及乔恩·雷贝尔和诺亚·李维。

敬我未来的理财达人哈里。你是我一生的挚爱，虽然我知道有一天你注定会成为一个成年人，但你永远是我的小男孩。

最后，敬我的丈夫也是我最好的朋友尼尔。感谢你向所有愿意聆听我的人吹捧我，感谢你鼓励我做一些我认为做得不够好的事情，当然也感谢你一直带着我们的狗狗"华夫"在夜晚散步。